原油価格と国内ガソリン価格
ー日次データによる検証ー

塩路 悦朗

三菱経済研究所

まえがき

　本書は原油価格ショックが国内のガソリン価格に及ぼす影響を日次データを用いて分析する，著者の近年の研究を紹介するものである．1973年の第1次オイルショックは，著者を含めある世代以上の日本人にとって，トイレットペーパー騒動の生々しいイメージとともに，長い間強い印象を残した．その経験から日本のマクロ経済学者は，原油価格の変動が日本の経済にもたらす影響について，常に多大な関心を寄せてきた．近年でも原油価格は急激なアップダウンを繰り返している．そのことが日本に及ぼす影響を理解することの重要性は衰えていないと考える．著者が原油価格変動を受けて国内価格はどう変化するのかを長年分析してきたのは，このためである．

　ここでは国内価格の中でも特にガソリン価格に焦点を当てる．私たちが日々，ガソリンスタンドの前を通るたびに目にする，あるいは給油のたびに支払うガソリンの価格は私たちにとって身近な存在であり，生活費に直結するものである．しかもガソリンの原材料はほとんど原油と言ってもよいくらいであり（精製過程で必要な動力などを別とすれば），私たちが海のはるか彼方で起きている原油市場の変化を最初に体感するのも，ガソリンの価格からである．このため，ガソリン価格の変化は私たちのインフレ・デフレ実感の形成に大きく関わる．そしてそこからインフレ・デフレの将来予想にも影響を及ぼしてくる．民間の予想インフレ率は日本銀行が現在，非常に重視している経済変数であり，その意味からもガソリン価格のダイナミクスを正しく理解することは有益である．

　冒頭で述べたように，この目的のために日次データを用いる点が，本分析の大きな特徴である．これから見て行くように，原油価格に加わったショックが国内のガソリンスタンドに伝わっていくスピードは極めて速い．伝統的なマクロ実証分析のように月次や四半期のデータを使っていては，この動きを正しく捉えることは困難である．その一方，情報社会化の恩恵により，こ

れまでには考えられなかった膨大なデータが手に入るようになっている．

　本書の前半ではそうした日次のガソリン価格の全国平均データを用いて，これが原油価格ショックにどう反応するか，新しい視点とそれにふさわしい実証分析の方法を用いて検証している．

　後半ではさらに大規模なデータセットを用いる．これはミクロレベルの日次データ，つまり個々のガソリンスタンドにおいて日々付けられている価格に関する情報を記録したものである．そこには個別店舗の特性，例えば住所，所属する企業系列，車検などのサービスを提供しているかなどの情報も含まれている．これを基にしてこれまでにはできなかった新しい分析を行っている．

謝辞

　本書における実証研究，中でも後半部分の分析の基盤となったのは，膨大なデータを収集する地道な作業である．これは全て湯淺史朗氏が，一橋大学大学院博士後期課程在学時は著者の研究助手として，2020年4月に一橋大学経済研究所特任講師就任後は共同研究者として，担当してくれたものである．そもそも彼からの申し出がなければ著者にはこうしたデータが収集できるということも想像できなかったであろうし，収集するという発想も持ち合わせていなかった．同氏の協力と貢献に感謝したい．また本書後半の一部では同氏との共同研究の成果を紹介している．これを快諾してくれたことにも感謝したい．

　著者はこれまで，本書につながる研究の途中成果を折に触れて報告してきた．その中で多くの方々から貴重な助言や示唆を得て，研究内容の改善につなげることができた．井上智夫氏には日本経済学会2019年度秋季大会（神戸大学）における関連論文（Shioji (2021)）の討論者をご快諾頂いた．当日の台風直撃により報告は実現しなかったが，関西一帯が暴風雨に覆われる中，詳細で的確な多くのコメントをお送り下さった．また大学院塩路ゼミのメンバーには中途半端な途中経過を何度も聞いてもらった．本書には他にも多くの方々のご助言が活かされている．全員のお名前を挙げることはできないが，小川英治先生をリーダーとする研究グループの皆さん，渡部敏明先生を中心とする研究プロジェクトの諸氏，Yoosoon Chang氏，Joon Park氏，Diego Känzig氏，多くの学会・研究会参加者の皆さんから頂いたご示唆に感謝申し上げたい．

　本書執筆に関しては，まずは機会を与えて下さった松島斉先生と公益財団法人三菱経済研究所の前・常務理事，滝村竜介氏に感謝したい．そして新たに常務理事となられた杉浦純一氏には，原稿完成に向けて多くの励ましを頂いた．またお送りした中間報告や未定稿に丁寧に目を通して下さり，多くの

重要なご助言をお寄せ頂いた．その過程で頂いたいくつかの鋭いご質問は著者にとってそれまでの研究結果を再検討する契機となり，その結果，最終稿をよりよいものとすることができた．杉浦氏をはじめ，ここまで本書の執筆を支えて下さった公益財団法人三菱経済研究所の皆さまに深く感謝申し上げたい．

2021 年 3 月 10 日

塩路悦朗

目次

第1章

本書の目的と構成

1.1 本書の目的

本書は，世界的な原油価格動向が国内ガソリン価格に与える影響を分析した，著者の近年の研究成果を紹介するものである．原油価格の変動に代表される外的経済ショックは，日本経済に大きな影響を及ぼすものとして，マクロ経済学研究の分野では重視されてきた．著者もこれまで Shioji（2012, 2014, 2015），Shioji and Uchino（2011）や塩路・内野（2009, 2010），塩路（2011, 2016）で原油価格や為替レートが国内物価に及ぼす影響を分析してきた．特に Shioji and Uchino（2011）では原油価格が国内物価に与える影響を詳細に分析した．本書はガソリンという，原油価格と最も密接に結びついており，かつ家計の生活費や企業の生産費用に直接影響する財に焦点を当てて，新しい視点や手法に基づいて原油価格が日本経済に与えるインパクトを分析しようとするものである．

先行研究と比べたその特徴は第1に，扱うデータセットの新しさ，大きさにある．第2に，このデータセットの特性を活かすために著者が開発したいくつかの手法も新規性を備えている．これらを活かすことで本書では，これまでに明らかになっていなかったガソリン価格ダイナミクスの数々の性質を明らかにすることができたと考えている．

本書で用いるデータセットの基となるのは，インターネット上のガソリン価格比較サイトに掲載されている情報である．後に見るように，ガソリン価格に関する公式統計は最も高頻度のものでも週次である．それに対して，本書で用いるデータは日々更新される，日次データである．また横断面方向の広がりについても，公式統計が都道府県単位であるのに対し，店舗（個別ガ

ソリンスタンド）レベルでのデータが利用可能である．また付随して，店舗の名称，住所や所属する企業系列のほか，洗車や車検サービスを提供しているか，セルフサービスに対応しているかなどの情報も含まれている．

　本書ではこうしたデータの特性を活かし，原油価格ショックが国内ガソリン価格に及ぼすインパクトを分析する．言うまでもなく原油価格は，1970年代の第1次オイルショック以来，国内物価の重要な変動要因であり続けてきた．今日でも原油価格の激しい変動は収まる兆しを見せない．本書を執筆中の2020年4月20日には，WTI原油先物の期近物（5月物）が約マイナス38ドルという大幅なマイナスとなった．このことは多くの人々を驚かせ，ニュース等でも大きく取り上げられた．こうした動きは，国内政策当局が2パーセントの安定的なインフレ実現に向けて苦闘を続ける中で，大きなかく乱要因となりうる．したがってその影響を正しく理解することは，生活者にとってだけでなく，政策担当者にとっても，重要なテーマである．

　中でも，原油から石油精製を経て直接生産されるガソリンは原油価格の影響を最も明確に，しかも本書で見ていくように速いスピードで，受ける商品である．したがってガソリンはそれ自体が国民生活にとって重要なだけでなく，原油価格が一般物価に与える効果を理解するための第一歩としても重要と言える．

1.2　本書の構成

　本書の内容は大きく前半と後半に分けることができる．前半部分では2013年から2020年初頭までの日次のガソリンの全国平均価格データを用いた分析が展開される．後半部分は2018年央から2020年初までの店舗別価格データを活用した3通りの分析に当てられる．以下ではこれら4つの分析の目的と概要を章別に簡単に紹介する．

日次データを用いた時系列分析（第2章）

　著者は近年，ガソリンの国内平均価格に関する日々のデータを用いた時系列分析を行ってきた．その目的はこの価格が原油価格の変動にどのように反応するかを明らかにすることである．本分析は近年の実証マクロ経済学にお

ける一つの大きな流れを汲んでそれを発展させるものといえる．本章では
Shioji (2021) にまとめられた著者のこれまでの研究を紹介するとともに，今
回新たに行った分析の内容と結果を示している．

　この潮流に属する先行研究では，原油価格が各国国内のマクロ変数（イン
フレ率やGDPなど）に与える影響をベクトル自己回帰モデル（VAR）などの
時系列分析の手法で推定する分析が盛んにおこなわれてきた．その流れの中
では，本研究は，国内変数として日本のガソリン価格を用いた研究と位置付
けることができる．先行研究との違いは，第1に，先ほど触れた日次のガソ
リン価格データを用いていることである．第2に，近年の先行研究は，原油
価格が変動する理由にも様々あり，それによって原油価格変動のインパクト
も違ってくることを明らかにしつつある．本書ではその中でも供給要因，中
でも将来の原油供給に関する予想が変わったために生じる原油価格の変化に
焦点を当て，そのようなタイプのショックをデータから識別するための新し
い方法を開発した．その手法を活用して，そういったショックがあったとき
に国内ガソリン価格が時間を通じてどのように反応するかを明らかにした．

店舗別データの概観と店舗間価格差の決定要因（第3章・第4章）

　本書の後半では，ガソリン価格の店舗間の異質性・多様性に目を向ける．
第3章で店舗レベルデータセットの特徴を概観した後，第4章では店舗間の
価格差の決定要因を分析する．そのために店舗ごとの日々のガソリン価格を
被説明変数とし，様々な店舗特性を説明変数とする回帰分析を行う．これに
よって例えば，東京都区部のガソリン価格は高知県のそれより平均的に高い
と言えるか，セルフ型の店舗での価格は他より安いのか，といったことが明
らかになる．

ガソリン価格の原油価格への反応：店舗特性による違いはあるか（第5章）

　先の第4章が店舗別価格の水準の違いをテーマとしたのに対して，第5章
では原油価格ショックに対するガソリン価格の反応が，店舗の特性によって
異なるかを検証する．特に注目したいのは，反応のスピードの違いである．
例えば，原油価格が上昇したとき，都市部の店舗の方が，地方部に比べて，

コスト上昇分を早くからガソリン価格に上乗せする傾向があるだろうか．都道府県による違いは見られるだろうか．大手系列店と独立系の違いはあるだろうか．高速道路上の店舗の価格調整スピードは一般道沿いの店と違うのだろうか．こうした疑問に答えていく．なお本章の内容は一部が Shioji (2021) で紹介されているが，ここでは結果をより詳細に報告するとともに，今回新たに得られた知見を追加している．

ガソリン価格の店舗間分布のダイナミクス (第6章)

　第6章で展開される分析は本書の中で最も新規性の高いものである．その初期の成果の一部を最近，国際学会で初めて報告した (Shioji and Yuasa (2020))．この章では，ガソリン価格の店舗間の分布が時間とともにどう変わっていくかを検証する．ただし価格分布データをそのまま用いるのではなく，第4章で用いた手法で各店舗の価格から店舗属性の影響を取り除き，後に残された残余部分の分布を見ることにする．その形状は平時には平均をはさんでほぼ左右に対称である．ところが原油価格の急低下などによってガソリン価格が全国的に値下がりするときには，この分布形が大きく崩れる．すなわちきれいな釣り鐘型ではなく，右の方 (分布の中心よりも価格が高い方) に偏った，歪んだ形が出現する．本書ではこのような分布ダイナミクスの特徴を探ることを通じて，そのことがマクロ経済学に持つ含意を探っていく．

第 2 章

日次データを用いた時系列分析

2.1 本章の目的

　原油価格や為替レートの変動が日本の国内物価に強い影響力を持つことは，多くの研究者が認めるところである．近年でも，急な原油安の進行が日本銀行の掲げる 2 パーセントインフレ目標達成を妨げるといった事象が観察されてきた．この章では，国内ガソリンスタンドにおけるガソリン価格を題材に，これらの要素が国内経済にどのようなインパクトを与えるかを検証する．

　本研究の重要な特徴は，日次のガソリン価格データを使用していることである．これから明らかにしていくように，原油価格はかなり速いスピードで国内のガソリン価格に転嫁される．その一端は私たちの普段の生活の中でも感じ取ることができる．一例を挙げれば，2016 年 9 月 28 日，OPEC 加盟国が原油減産に合意したことが報じられた．それからわずか 2 週間余り後，10 月 14 日付の日本経済新聞はすでに，ガソリンスタンドにおける価格上昇傾向を報じている．これに対して，マクロ経済学の時系列分析においては，四半期または月次のデータを用いるのが通例である．また，ガソリン価格に関する公式統計に関していえば，最も頻度が高いものでも週次である．そういったデータでは，日単位で急速に進展するガソリン価格の反応を正確に把握することは難しいであろう．この章では価格比較サイトから得た日次データを活用することで，これまでの分析が持つ弱点を克服している．

　本章の研究は先行研究における 4 つの潮流の結節点に位置するものと言える．4 つとは (1) 原油価格が国内経済に与える影響に関するマクロ経済分析，(2) イベント分析や資産価格の分析を通じて家計・企業の予想に関する情報

を抽出しようとする，近年のマクロ経済研究，(3) 原油価格形成に関するイベント分析，(4) 原油価格が国内ガソリン価格に与える影響に関する研究である．以下では，分析の内実に入る前に，これらを順に概観することを通じて本研究の立ち位置を明らかにする．

2.2 先行研究との関係（1） 原油価格とマクロ経済分析

2.2.1 ショック識別の重要性

　原油価格が国内経済に与えるインパクトについては，国外でも関心が高い．そのため，このテーマを取り扱ったマクロ経済学・時系列分析の分野での研究は，米国経済を対象としたものを中心に，近年目覚ましい発展を遂げている．その中で最近特に強調されているのが，一口に原油価格ショックと言っても，それを引き起こした原因がどのようなタイプのものだったかによって，まったく異なった効果を持ちうる，ということである．この分野の代表的な論文である Kilian (2009) のタイトルにある「オイルショックはみな同じ，ではない (Not all Oil Price Shocks are Alike)」はこの考え方を端的に表しており，同分野におけるいわばスローガンのようになっている．

2.2.2 Kilian (2009) の識別戦略

　Kilian (2009) は，足元の原油価格動向に直結する要因を，需要側要因と供給側要因に分けることの重要性を強調している．例えば，中国経済が好調で原油輸入が拡大したことで原油価格が上がったとしたら，それは需要要因である．供給要因とは例えば，重要な石油パイプラインで事故があって，供給が滞ったために，原油価格が上がるといったことである．同研究ではこの2つ以外の要因を一括して，原油市場特殊的需要ショックと名付けている．これは市場予想（投機的要因）に基づく原油価格変動全般を指すものと解釈できる．原油価格のデータ自体は，こうした様々なタイプの要因から生じる変動が混ぜ合わさったものである．よってそのデータだけをいくら眺めていても，複雑に絡み合った糸を解きほぐすように個別要因を探り当てることはできない．他の何らかの系列から得られる情報を使ったり，理論モデルの助けを借りることになる．これがショックの「識別」問題である．

Kilian（2009）及び Kilian and Park（2009）では，構造 VAR モデルに基づく新しい分析手法を提案して，原油価格変動要因の識別問題に1つの答えを出している．日本経済については Fukunaga, Hirakata and Sudo（2011）が同手法を応用して，原油需要ショックや供給ショックが日本のマクロ経済のみならず各産業部門に与える影響を明らかにしている．Iwaisako and Nakata（2015）は同手法を為替レートを含んだ形に拡張し，やはり原油ショックが日本経済に与える影響を分析している．このように，Kilian らの手法はこの研究分野の流れを大きく変え，1つの標準的手法を打ち建てたものとなっている．なお，Kilian（2008b）は原油供給ショックを識別するための異なる方法を提案している．Kilian（2008a）はこれを日本を含む G7 諸国に応用している．Baumeister and Hamilton（2019）はベイズ的なアプローチによってこの種の識別戦略を改善する途を示している．

2.2.3　本研究の特色と貢献

　本章の研究は，ショックの識別を重視するという点では，以上の流れを引き継ぐものである．違いは本研究が1種類のショック，それもこれまであまり重視されていなかったタイプのショックを識別する手法の精緻化に焦点を絞っていることにある．それが原油供給の将来予想に加わるショックである．

　そのようにした理由は次の通りである．先述のように，Kilian（2009）のアプローチの焦点は，（現時点での）需要・供給の2要因の識別にある．しかしその結果は「その他もろもろ」ともいえる第3の要因，つまり投機的要因の重要性を際立たせるものとなっている．

　これは多くの人々の感覚と合致するのではないだろうか．例えば中国経済の先行きに関する明るいニュースが流れれば，市場での原油価格は上昇すると思われる．しかしその時点では，まだ原油の需要量が増加しているわけではない．価格の動きが量に先行するのである．同様に，米国カリフォルニア州でガソリン車に関する新たな規制が提案されれば，原油価格は下落するだろう．しかし実際に需要が減り始めるのはまだ先である．同じく，OPEC が原油の輸出制限や減産を決定すれば，価格はただちに上昇するだろう．しかしその時点ですぐに供給量が減少するわけではない．

このように多くの場合，まず需要や供給に関するニュースが流れて，これが人々の予想を変え，それを受けて価格が動き，後から数量の変化が観察される．足元の需給が突然動いて，それが同時に価格に反映されるというケースはさほど多くないと思われる．以上の理由により，著者は原油価格変動の研究においては人々の予想に対するショック，最近のマクロ経済学で流布している用語を使えば，「ニュースショック」の役割が最も重要と考える．

しかも同じニュースショックの仲間であっても，需要に関するニュースと供給に関するニュースでは効果が違うはずである．この点では Kilian（2009）の議論は引き続き有効である．こうした考えに基づき，本研究では，ニュースショックの中でも供給側ニュースに絞って分析を進める．

2.3 先行研究との関係（2）　イベント分析，資産価格とマクロ経済学

2.3.1 イベント分析とマクロ経済学

主にファイナンスの分野で発展してきたイベント分析の発想を，マクロ経済の実証分析に最初に取り入れたのは，金融政策研究の分野であった．元来，同分野の標準的なアプローチは，金利（ないしは貨幣量）の変化をもって金融政策変更の表れと見なし，その後で経済変数に生じた変化を跡付けるというものであった．しかし中央銀行による利上げや利下げは，それ自体が，その時の経済状況に対する反応として行われることが多い．従って政策変更後に観察される経済の推移は政策自体の効果を表すのではなく，そうした政策変更をもたらした背後の経済状況の影響を捉えているに過ぎないのかもしれない．

この問題を解消するため，Romer and Romer（1989）は米国 FRB の議事録を丹念に追い，FRB が通常の政策ルールから逸脱して，いわばサプライズの利上げや利下げを決めたエピソードないしイベントを列挙した．そして，これらの政策変更の後に経済変数にどのような変化が生じたかを調べ，これを政策効果と見なした．計量経済学的に言えばこの考え方は，イベント発生時点で1の値を取り，それ以外でゼロとなるダミー変数を作成し，その係数を推定することに対応する．

　金融政策に関するこのようなイベント分析的な研究は，ゼロ金利と非伝統的金融政策の下で著しい発展を遂げつつある．その背景には，金利が動かなくなったために，特定の政策変数を見ることで政策発動のタイミングとその強さを測ることが難しくなってしまったことがある．そこで量的緩和政策のアナウンスがあった日やその強化に関するニュースが流れた日を特定し，それに続く各種経済変数の動きを見るというのが1つの主要な分析枠組みとして定着しつつある．

　財政政策の分野では少し遅れて，Ramey and Shapiro（1998）及び Ramey（2011）が政府支出の外生的変更をもたらした出来事を特定する研究を行った．彼らが行ったのは，第2次世界大戦後に米国が軍事支出拡大に（事実上）舵を切ることになった出来事を特定することである．この時点で政府支出の額が変わったわけではない．しかし人々が予想する将来の政府支出の経路はこの時に大きく変わったと考えられる．そしてこれらに対応するダミー変数を作成することで，これら財政ニュースに対する経済変数の反応を推定した．このアプローチは Ramey（2011）の「タイミングが全て」という言葉とともに広く知られるようになった．このようなアプローチの問題点としては，ダミー変数はどのようなイベントの場合も取る値は1であって，イベントごとの重要性あるいは「規模感」が全く反映されないことが挙げられる．例えば政府支出が1億ドル増加するようなイベントも100億ドル増加するというニュースも同じように取り扱われてしまう．

2.3.2　資産価格と将来予想

　これに対して人々の心の中にある将来予想を映し出すいわば鏡としての資産価格の役割に注目する先行研究もある．例えば Fisher and Peters（2010）は米国の政府支出，その中でも景気動向などに左右されず外生性の強いと思われる軍事支出の将来予想を定量化するために，米国の4大軍需企業の平均株価を用いた．人々が政府による軍事支出が増えると予想すれば，これらの株を買いに走ると思われる．したがってこの株価指標は軍事支出に関する将来予想が反映されていると見ることができるのである．

　Morita（2014）は同様の発想に基づいて，日本の公的投資に関する将来予

想を反映する指標として建設業界の株式指数を用いた研究を行っている．

　このように資産価格情報をそのまま指標として用いる研究の潜在的な問題点としては，それが政策以外の様々な種類の情報を反映してしまっている可能性を指摘できる．例えば米国軍需関連企業が政府以外からも受注しているとすると，株価はそういった取引先の影響も受けるであろう．よって軍事支出以外の要因を拾ってしまっている可能性をぬぐえない．

2.3.3　イベント分析と資産価格情報の統合

　そこで上記2つの流れを統合する形で，「ニュースがあった日における資産価格の動き」に着目する研究が生まれてきた．重要なニュースがあった日だけに焦点を当てることで，他のタイプの情報が混在する可能性を抑えることができる．またニュースに対する資産価格の反応の大きさを見ることで，指標に「規模感」を与えることができる．金融政策の分野では Kuttner（2001）が米フェデラルファンド金利先物が金融政策ショックを反映することを明らかにしたのを受け，Faust, Swanson and Wright（2004）が，FRB の政策変更時における同変数の変化をもって，金融政策ショックの指標とすることを提案した．Gertler and Karadi（2015）は同指標を外的操作変数とした SVAR-IV モデルを推定している．財政政策に関していえば，Shioji（2018）が日本の公的投資について，その将来予想を変えるようなニュースがあった日における建設各社の株の値動きを見ることで，同政策に対する予想の変化を捉えるという手法を開発した．

2.4　先行研究との関係（3）　原油市場におけるイベント分析

　ではイベント分析の考え方を活かして原油供給に関するニュースショックを識別するにはどうしたらよいだろうか．先述のようにイベント分析はファイナンスの分野で長く重視されてきたものであり，その手法は原油市場の分析にも応用されている．それらの研究の多くは OPEC 会合後に出される声明に代表されるニュースが世界市場における原油価格に反映されることを明らかにしている．Draper（1984）はニューヨーク市場におけるヒーティングオイルの超過収益率の，OPEC 会合前後における振る舞いを分析している．

Loderer（1985）は軽油のスポット市場を分析し，OPEC 会合が 1981 年から 83 年にかけては影響を持ったこと（しかし意外にも，1974 年から 1980 年にかけては影響力がなかったこと）を示している．

　2000 年代以降は分析手法も洗練度を増している．Demirer and Kutan（2010）は 1983 年から 2008 年の期間において，OPEC による減産声明が原油市場（先物・現物とも）の日次超過収益率に有意な影響を持ったとしている．Lin and Tamvakis（2010）は 1982 年から 2008 年にかけてのデータを用い，OPEC 公式会合や閣僚会談からの声明が各種原油価格に有意な影響を持つこと，ただしその影響は状況により変化することを示した．Schmidbauer and Rösch（2012）は OPEC による減産，増産，産出量維持の 3 通りの声明に対応したダミー変数を構築する．彼らが提唱する修正方法をこれらダミー変数に適用することで，3 つとも原油価格に有意な影響を持つこと，ただし減産の効果が最も大きいことが示される．Loutia et al.（2016）は 1991 年から 2015 年のデータを用い，OPEC による声明の影響は時間とともに変化することを示した．また WTI とブレントで反応が異なることも指摘している．

2.5　先行研究との関係（4）　パススルーの研究

2.5.1　パススルーとは

　本研究はパススルー研究の分野とも深く関連している．パススルーとは価格転嫁のことである．生産者にとってのインプット（原材料など）のコストが 1 パーセント上昇したとき，アウトプット（製品など）の価格が何パーセント上昇するかをパススルー率と呼ぶ．パススルー研究は通常，この率の推定を目的とする．特に国外から輸入されるインプット価格の国内価格への影響に関する研究が盛んである．

　輸入財価格に影響する一大要因が為替レートである．このため為替レートの国内価格への転嫁については膨大な先行研究が存在する．著者も Shioji（2012, 2014, 2015）や塩路・内野（2010），塩路（2011, 2016）において，日本における為替パススルーの経時変化を検証した．もう一つの重要な要因が輸入一次産品，特に原油価格である．日本のように資源を輸入に頼る国にとってはこの問題は切実である．このため原油価格から国内物価へのパススルー

についての研究も存在する．例えば Chen（2009）は先進 19 か国のデータを
用いて，原油から消費者物価へのパススルーを時変係数モデルで分析してい
る．以下では対象を原油から国内ガソリン価格へのパススルーに関するもの
に絞り，いくつか振り返りたい．

2.5.2　国内ガソリン価格へのパススルー

　海外では多くの研究が週次のガソリン価格データを用いた分析を展開して
いる．例えば Meyler（2009）は欧州各国のデータを用いて原油からガソリン
をはじめとする液体石油製品へのパススルーに関する膨大な分析を行ったも
のである．Blair et al.（2017）は米国の週次データを用いて原油パススルーの
程度に大きな地域差があることを示している．Yilmazkuday（2019）はやはり
米国の週次データを用いて構造 VAR モデルを推定し，原油からガソリン価
格へのパススルー率は 1 週間後で 13 パーセント，3 か月後に 37 パーセント，
長期的には 50 パーセントに達すると報告している．これは最初の 3 か月で
価格調整全体の 3 分の 2 が完了することを意味する．このようにガソリンの
価格調整速度は速い，という結果は本章と共通するものである．Chudik and
Georgiadis（2019）は混合頻度データモデルという新しい手法を用いて，日次
の原油価格と週次の米国ガソリン価格の間の関係を分析している．同研究に
よれば，パススルー率は最初の 5 営業日で 23 パーセント，20 営業日で 48 パー
セントである．これは Yilmazkuday の結果よりさらに速い．なお後に見る本
章の推定結果は，最初の 5 日についてはこれより遅いものの，20 日時点にお
いては近い値になっている．

　上の 2.2 で触れた原油価格とマクロ経済分析との関連では，Kilian（2010）
が Kilian（2009）モデルを拡張して米国ガソリン価格へのパススルーを分析
している．そのために新たにガソリン供給ショックとガソリン需要ショック
の 2 つがモデルに追加されている．用いたデータは月次である．その結果，
短期的にはガソリン供給ショックがガソリン価格変動の主要因であるもの
の，長期的には世界需要ショックと原油市場特殊的需要ショックが重要と結
論付けている．

2.5.3　パススルーの非対称性

先行文献で特に関心が払われてきたのが原油に対するガソリン価格の反応の非対称性である．特に原油価格上昇時にはガソリン価格は急速に強く反応する一方，下降時は反応が鈍いのではないかということが長く指摘されてきた．これは「ロケットのように舞い上がり，羽毛のように舞い降りる」（"rockets and feathers"）仮説として知られる．この名称はBacon（1991）の論文が元になっている．古典的業績としては同論文やトップジャーナルに掲載され影響力を持った Borenstein, Cameron and Gilbert（1997）の他，Balke, Brown and Yücel（1998），Duffy-Deno（1996），Karrenbrock（1991），Shin（1994）などが挙げられる．より近年では Godby et. al.（2000）がカナダのデータを用いて上記仮説を棄却している．Bachmeier and Griffin（2003）は米国の日次データを用いてやはり同仮説を否定している．ただしこれは卸売価格に関する結果である．Chesnes（2016）は米国の日次データを都市別に検証して強い非対称性を見出している．このように同仮説は提唱されてから30年たった今も論議の的である．手法的にも Polemis and Tsionas（2016）がノンパラメトリックな推定法を開発するなど，新たな進展が見られる．Deltas and Polemis（2020）は先行研究を概観するとともに，様々な国のデータを用いて膨大な分析を展開している．

2.5.4　日本における研究

日本のデータを用いた研究としては，塩路・内野（2009）がサンプル期間を分割した VAR 分析によって，Shioji and Uchino（2011）が時変係数 VAR を用いて，原油パススルー分析の一環として，ガソリン価格への影響の経時変化を分析している．用いたのは月次データである．Yanagisawa（2012）は日本でもガソリン価格の反応に非対称性が見られると報告している．

2.5.5　本研究の貢献

過去の原油パススルー研究と比較した場合，本研究の特徴はショックの識別の問題を第一に考えているところである．まだ分析例の少ない日次データを用いている点も特徴と言える．

2.6 「原油ニュース指標」が本研究で果たす役割

2.6.1 原油ニュース指標の考え方

　これまで解説した先行研究の流れを受けて，本章におけるニュースショックの識別戦略は，「原油供給ニュース指標」を作成するところから始まる．この作業の背後にある基本的な考え方は次の通りである．我々はこれまでの知識や経験から，原油に関して流れてくるニュースのうちどれが供給関連なのかを知っている．そういったニュースの全てをリストアップできるかどうかはわからないが，少なくともいくつかの重要なニュースのリストを作成することはできるだろう．しかし先にも論じた通り，ニュースがあった日に1の値を取るダミー変数を使うのではあまり良好な結果は期待できない．そのリストの中でどのニュースが重要で，どれがさほど重要ではなかったのか，客観的に数値化する作業が必要になる．そのためにニュースが流れてきた当日における原油価格，特に先物価格の動きに注目する．例えばある日，原油の供給が先行き減りそうだというニュースが流れてきたとしよう．もし減産幅が巨大になりそうだと市場が判断すれば，原油先物は大幅に上昇するだろう．大した減産ではなさそうだと思えば，原油先物の上がり方は小さいだろう．このように「原油供給関連のニュースが流れた日の原油先物価格の上がり方（ないしは下がり方）」に注目することで，人々の将来予想が変わったタイミングだけでなく，変化の程度まで測る指標を作れるのである．

2.6.2 原油ニュース指標の利点

　こうした指標の優れた点は，単にニュースの「規模感」を捉えられるというだけではない．たとえメディアで大々的に報道されているニュースであっても，実は大半の市場関係者にとっては予想済みだった，というのはよくある話である．例えばOPECの会議が大幅減産で最終的に合意して公式声明を出したとしよう．もしそのことが，そこに至るまでの会議の成り行きを見ていれば完全に見通せるものだったとすると，声明時点では人々の予想に変化は生じない．予想の変化はその時点より前に起きているはずである．もしそうなら，予想の変化時点で，新しい先行き見通しは先物価格に完全に織り込

まれているはずである．だとすると声明時点では先物価格はぴくりとも動か
ないはずである．このとき，先に述べた指標の値もゼロになる．よってこう
いった指標はニュースが真の意味でサプライズだったのか，それとも市場に
とっては完全にお見通しの，いわば本当のニュースではないようなものだっ
たのかも反映してくれるのである．

　さらに言えば，ニュースは時にその表面上の意味とは逆の失望，いわば負
のサプライズを生むこともある．例えば先の例で，声明に先立って市場関係
者は大幅な減産を予想していたとしよう．ところがOPECが合意できたのは
予想よりずっと小幅な減産だった．この場合,市場では失望売りから，ニュー
ス自体は減産を伝えていたにもかかわらず，原油先物は値下がりするであろ
う．このような場合,本章のニュース指標はマイナスの値を取ることになる．
これはこの時点で生じた人々の予想の変化を正しくとらえたものと言える．

2.6.3　なぜ操作変数として使うのか

　さて，従来の時系列分析であれば，こうして構築された指標を他の経済変
数と対等な形でそのまま（例えばVARモデルを構成する変数の1つとして）
導入するところである．しかし原油ニュース指標は人々の予想の変動を完璧
にとらえた変数ではない．研究者が努力しても，原油供給に関する全ての重
要なニュースを網羅しきれない可能性は残る．例えば上で論じた例におい
て，もしOPECの会合後の声明がサプライズでなかったとすると，それ以前
のいずれかの日で，あるいは何日かにわたって，そのような結末を予期する
方向で予想の修正が行われたはずである．そのような修正がいつ行われたの
か，客観的にとらえられるとは限らない．自ずとこの指標は部分的なものに
ならざるを得ない．このように原油ニュース指標は予想の変化そのものでは
ない．ただ，それと密接に相関していることも間違いない．

　従って原油ニュース指標の正しい使い道は，それをVARモデルの内生変
数として使うことではなく，操作変数として用いることである．すなわち，
原油価格を動かす諸要因のうち，供給に関するニュースショックそのもので
はないかもしれないが，それと強く相関しているものとして，同ショックの
識別に役立てることである．

2.6.4 原油ニュース指標を活かす新しい実証研究の手法

この発想を活かすために，本章では時系列分析の分野で近年開発された手法を採用する．この手法は人によって「外的操作変数の入った構造 VAR モデル」（Structural VAR with External Instruments, SVAR-IV）と呼んだり「代理変数 VAR モデル」（proxy-VAR）と言ったりするが，ここでは SVAR-IV で統一する．これは VAR モデル上の構造ショックそのものではないがそれと強く相関している変数，つまりその代理変数を操作変数として用いることで，ショックを識別しようとするものである．この手法は Mertens and Ravn（2013）と Stock and Watson（2012）によって同時期に開発され，ここ数年，実証研究への応用例が増えている．また Stock and Watson（2018）が同手法を詳しく説明している．巻末の補論 A で比較的単純なケースについて解説を加えたので，興味のある読者は参照されたい．ここで 1 つだけ指摘しておくならば，優れた操作変数の要件として，研究者が識別したい構造ショックと強く相関していることに加え，それ以外のタイプのショックと相関していないことが重要である．

本研究では後に見るように，内生変数として国内ガソリン価格などに加え，原油価格を含んだ VAR モデルを推定する．そして同変数に関する操作変数として原油ニュース指標を用いる．これによって原油価格の日々の動きのうち，供給ニュースショックによって生じた変動部分を取り出す．そして同要因によって原油価格が上昇したときに，諸変数のその後の動きが時間がたつにつれてどのように変化していくかを明らかにする．

2.7 原油ニュース指標の構築

本研究における原油ニュース指標の構築は 3 段階の作業からなる．第 1 段階では，サンプル期間（2013 年以降）中で，原油供給関連の重要なニュースが起きたと思われる日付の候補を選出する．第 2 段階では，その日付の周辺で本当に最初にニュースが流れた日を特定する．第 3 段階で，そのようにして選ばれたそれぞれの日における原油先物価格の値動きを調べる．

2.7.1　どのようなニュースを探すか

　具体的な作業に入る前に，原油供給関連のニュースとしてどのようなもの
を想定するかを決める必要がある．ここでは2つのタイプのニュースに注目
する．その第1がOPECの増産・減産に関するニュースである．言うまでも
なくOPECには有力な産油国の多くが加盟している．ただし米国とロシアは
加盟していない．同機構の決定は世界の原油価格の先行きに大きな影響力を
持ってきた．現在，その力は1970年代などに比べれば低下している．その
ためその存在があまり重視されない時期もあったが，本研究の対象期間であ
る2013年以降については，後に見るように値動きに大きな影響を及ぼして
いる．

　なお，同じ発想に基づき，本研究より一足先に，OPEC関連のニュースの
あった日における原油先物価格の変化率を操作変数としてSVAR-IVモデル
を推定した研究として，Känzig（2021）がある．よって本研究と同論文との
相違点をここで明確にしておきたい．1つの明らかな違いは分析の目的にあ
る．同論文が原油供給ニュースショックが米国のマクロ経済変数（インフレ
率など）に及ぼす影響を分析したのに対し，本研究では日本のガソリン価格
への波及を見ている．そのことから派生して，Känzig（2021）はニュース指
標自体は日次データを基に構築しているものの，結局はこの指標を月次レベ
ルに集計して使用している．これは主なマクロ経済変数が月次でしか利用で
きないためである．本研究ではガソリン価格の日次データを入手したこと
で，日次のニュース指標をそのまま用いることができる．そのため，ニュー
ス指標に基づく識別戦略の強みを充分に活かすことができている．

　このほかにKänzig（2021）と本研究とでは実証研究の仕方にいくつかの重
要な違いがある．これらについては以下の該当部分で触れる．

　本研究で考慮する第2のタイプのニュースは主に米国が各国に課した，イ
ランからの原油輸入に対する制限に関するものである．これはイランの核保
有に対する制裁措置として行われたものである．大まかには，米国のオバマ
政権の下では制裁が緩められる方向に動き，トランプ政権になってからは制
裁が強められる傾向にあったと言える．ただし後者の下でも一直線に制裁強
化に進んだわけではない．イランは一大産油国であり，制裁下では世界市場

から排除されていた同国産原油が戻ってくるとなれば、原油供給の先行き大幅増が期待される。反対に制裁強化は世界市場への原油供給減につながる。後に見るようにイラン関連ニュースは特にサンプル期間の後半、トランプ政権後半において原油市場をかく乱する重要な要因となった。なお、前述のKänzig（2021）ではこの種のニュースは取り上げられておらず、同論文と比較した場合の本研究の新規性の1つと言える。

このように、本研究ではOPEC関連ニュース指標とイラン制裁関連ニュース指標という2つを作成し、それぞれを操作変数とした場合の結果を比較する。また2指標の合計を操作変数とした分析も行ってみる。

2.7.2　ニュース候補を絞り込む

ニュース指標作成の第1段階は指標に取り入れるべきニュースの候補リストを作成することである。細かいものまで含めれば、原油関連のニュースはほぼ毎日、何かしら報じられているともいえる。それらをすべて候補とすべきだろうか。著者は、先に説明したSVAR-IVにおける操作変数の望ましい性質を考えると、ニュースは「充分に重要」なものでなくてはならないと考える。充分に重要というのはあいまいな表現だが、そう考える理由は次の通りである。ある日原油供給に関する重大ニュース、例えばOPEC諸国が突如、大幅減産で緊急合意したという報道があったとしよう。その日の原油先物相場は暴騰すると思われる。そのような場合にはこの値動きはほぼ間違いなく、このニュースによるものだと考えてよいだろう。それに対して、そこまで重要でない原油供給関連ニュースがあった日に原油先物が値上がりしたとしても、それは同じ日にたまたま流れた別のタイプのニュースの影響である可能性が高い。その日を入れてしまったら、ここで構築するニュース指標は原油供給とは関係ないショックと相関を持つことになってしまう。

したがって、ニュース指標が原油供給関連ショックと強い相関を持ち、それ以外のショックとほとんど相関しないことを保証するためには、原油供給関連ニュースがその日の値動きを圧倒的に支配するほど重要な役割を果たした日だけを取り上げるべきなのである。

これに対してKänzig（2021）ではOPEC会合で公式声明が出された日に対

象を限定している．このアプローチの問題点は，OPEC関連の重要な出来事は公式会合の時だけに発生するとは限らないことである．例えば本研究の対象期間においては，OPECが減産に踏み切りたくても単独の意思決定では必ずしも充分な価格支配力を持てないため，同機構がロシアと協調減産に合意できるかがカギを握っていた．そして非加盟国との交渉においては非公式会議が重要な意味を持つ．例えば2016年2月17日の英国紙 *Financial Times* はその日のトップニュースとして，サウジアラビアとロシアが原油価格下落を食い止めるための増産凍結に合意したと伝えている．これは両国及びベネズエラ，カタールの間で持たれた大臣級の非公式会合に関する記事であった．また同年4月18日の同紙は1面で，この増産凍結合意が崩壊したことを報道している．このような重要イベントはOPECの公式会議にこだわっている限り分析に取り込むことができない．

　では重要なニュースとそうでないものをどう区別すべきだろうか．ここではこのより分け作業に少しでも数値に基づく客観性を持たせるため，グーグル系のWEBサイトであるグーグルトレンドから得られる情報を活用する．同サイトからはある日にあるキーワードで行われた検索がどのくらいあったかを知ることができる．ただしこれは，対象期間内で検索が一番多かった日を100とする相対的な指標である．ある日におけるOPEC関連のニュースが本当に重要であり，人々の関心を引くものであれば，それに関する検索が多く行われるはずだと思われる．したがってそのように検索が多かった日とその前後に対象を絞れば，研究者の独断で実はあまり重要ではない日を含めたり，研究者の見落しで重要な日を含めなかったりといった事態は避けられるはずである．

　図表2.1（A）と（B）はグーグルトレンドによって報告された日々の検索件数（相対的な）の推移である．パネル（A）は"OPEC"というキーワードを使った検索の件数に関するものである．パネル（B）は"Iran（及び）sanction"という2つのキーワードを同時に使った検索の数の変化を表している．どちらのパネルにおいても，平均件数プラス件数の標準偏差の2倍以上の検索があった日を黒い丸で示している．このように，検索件数は時折一時的急上昇を見せる傾向がはっきりと見られる．したがってこれらの前後をニュースがあっ

図表 2.1（A）　グーグル・トレンドによるキーワード検索結果：“OPEC”

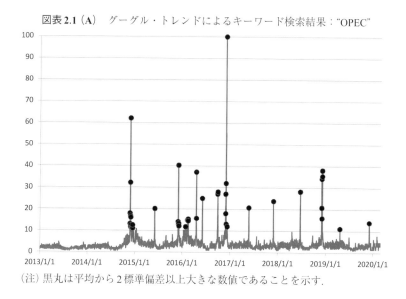

（注）黒丸は平均から 2 標準偏差以上大きな数値であることを示す.

図表 2.1（B）　グーグル・トレンドによるキーワード検索結果：“Iran Sanction”

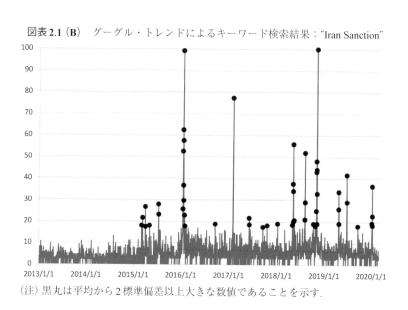

（注）黒丸は平均から 2 標準偏差以上大きな数値であることを示す.

た候補日とし，そこに絞ってニュース日付を探索するのは妥当な作業の進め
方であると考える．

2.7.3 ニュース日付を特定する

さて，グーグル検索件数は重要な手掛かりではあるが，検索件数の多かっ
た日すなわちニュースが最初に流れた日とは限らない．例えばOPECの公式
会合が終結し，公式声明が出された日にはそれに関する多くの検索が行われ
るかもしれない．しかし実際に会議の大きな方向性が決したのはその前日や
前々日だったかもしれない．

この点でも，Känzig (2021) らのようにOPECの公式声明があった日に対象
を限る手法は問題があると言える．公式声明が出た段階では結論は市場関係
者には周知のものとなっていたとすれば，その日には市場は動かないであろ
う．しかしそれはニュースの中身に重要性がないということを意味しない．
ニュースが本当に流れた日を研究者が正しくとらえていないだけである．

本研究では，第1段階で候補とされた日の周辺の新聞報道を著者が丁寧に
読み込み（主に日本経済新聞，補助的に *Financial Times* を用いた），本当は
どの日に人々の予想が変わったのかを調べた．これによってニュース日付を
より正確に把握できたと考える．

もちろん，このような進め方には研究者の主観が入りこむ余地があり，客
観性に疑問符をつけられる可能性もある．OPECの公式声明のあった日に対
象を限ることのメリットは主観的判断を一切排除できることである．著者と
しては上述のような長所が主観性という短所を上回ると考えている．なお，
研究手法上の革新が進めば，コンピューターによるテキスト分析やAIによ
る選定が将来，可能になるかもしれない．

2.7.4 ニュースがあった日の原油先物価格を見る

ニュース日付が決まれば，後はリストにあるそれぞれの日における原油の
値動きを見るだけである．ただし「どの」原油価格を見るのかという問題が
残されている．ここで，本研究では原油価格は2つの役割を負っていること
を確認したい．第1がいま行っている，ニュース指標構築における役割であ

る．第2がVARモデルの内生変数としての役割である．この2つには必ずし
も同じ原油価格指標を充てる必要はない．以下ではそれぞれの役割について
どの指標が適切かを検討する．

　世界で代表的な原油価格の指標は3つある．NYMEXのWTI, ICEのブレン
ト，東京商品取引所のプラッツドバイである．このうちよく報道されるのは
前2者である．特にWTIは「NY原油」の名でしばしば日本の報道にも登場
する．その一方でBaumeister and Kilian（2016）によれば，近年ではシェール
石油生産者の影響などでWTIが代表性を失いつつあり，ブレントが世界の
主要銘柄となりつつある．このあたりの事情はKilian（2016）に詳しい．迷
うところではあるが，著者が決め手としたのは各商品の取引時間である．

　図表2.2は3大市場の取引時間を，日本時間を横軸にとって表したもので
ある．ただしWTIについてはニューヨーク，ブレントについてはロンドン
が夏時間になると取引時間もずれる．この図から，3つのうちではブレント
の取引時間が圧倒的に長いことがわかる．しかも原油関連ニュース，特に
OPEC関係は欧州や中東の日中に生じることが多いが，この時間帯を完全に
カバーしている．イラン関連ニュースは米国の日中に起きることもあるが，
それもほぼカバーされている．何より重要なのは，（前日に開始された）ブ
レント市場が閉まるのは日本での経済活動が本格的に始まる直前の午前8時
であり，その時点までに流れ，マーケットに取り込まれた情報をすべて反映
していると期待できることである．しかも日本の日中に発生したニュースに

図表 **2.2**　原油先物取引 3 大市場の取引時間

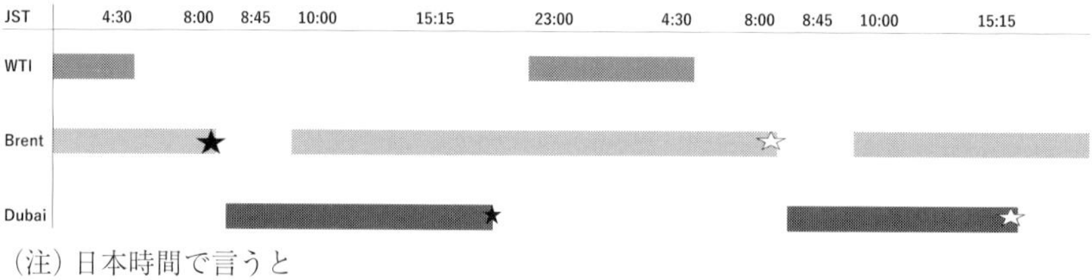

（注）日本時間で言うと
・WTI: 午後 11 時〜午前 4 時 30 分
・Brent: 午前 10 時〜午前 8 時
・ドバイ：午前 8 時 45 分〜午後 3 時 15 分
（以上は夏時間以外の場合）

22

よって「汚染」されている可能性が低く，その日の日本の経済活動にとってほぼ外生的と見なせる．以上の理由からニュース指標の構築にはブレント先物価格の終値を用いることにした．繰り返しになるがこれは時間で言えば日本時間の当日午前8時の価格だが，日付から言えば日本にとっては「前日」の取引の終値ということになる．

　一方，VARモデルの内生変数としては，ドバイ原油先物価格（米ドル建てに換算したもの）を用いる．これはアジア，中でも日本向けに輸出される原油の価格付けのベンチマークとなるのが，このドバイだと考えられているからである．よって日本で売られるガソリンについても，この指標が最も直接的な影響があると考えられる．ドバイ原油の取引市場は東京にあるので，図表2.2にあるように日本時間の日中に取引が行われている．従ってVARモデルに含まれる他の変数とのタイミングのずれを心配する必要はない．本研究ではドバイの終値，つまり日本時間の当日午後3時15分の価格を用いる．

　以上まとめると，本研究におけるニュース指標は次のように構築される．例えばある年の英国時間6月30日夕方に重要なOPEC関連ニュースが流れたとする．このとき，OPEC関連ニュース指標の値はブレント先物のこの日の終値の前日からの変化率（＝（当日終値の対数値）−（前日終値の対数値））に等しい．これは日本時間7月1日のドバイ先物終値（やはり前日の終値からの変化率）にとっての操作変数となる．一方，同じ日にイラン制裁関連ニュースがなかったとすると，その関連のニュース指標の値はゼロになる．

　なお，ブレント，ドバイ，いずれも先物なので，常に複数の限月に対応した銘柄が取引されている．ブレントについては取引が最も活発で報道などでも通常取り上げられる中心限月，通常は期近物の価格をここでは用いている．ドバイについては期限が長い限月ほど取引が盛んになるという特異な性質を持っている．そこでここでは期先物（6か月）の価格を用いている．ただしそれ以外の限月を用いても結果に違いはないことを確認済みである．

2.7.5　特定されたニュース日付のリストと構築されたニュース指標

　図表2.3は上記の手続きから特定された原油供給関連ニュース日付とニュースの概略をまとめたものである．行の色が白い場合にはOPEC関連，

灰色がかっている場合にはそれがイラン制裁関連ニュースであることを表している。これを見ると，OPEC関連ニュースは公式会合が行われる11月から12月が多いが，それ以外の月にもいくつか重要な出来事が起きている。一方，1つの会合に関係して2つのニュース日付が採用されている場合もある。これは会合前の準備作業や会合中の交渉が進んでいく中で，今後の進展を占ううえで重要な情報が伝わってくることがあるためである。イラン制裁関連のニュースはサンプル期間後半の2018年，トランプ政権が制裁の再開を本格的に考慮し始めたあたりから頻度を増している。米国は結局制裁を再開するのだが，それでも同年11月には原油輸入禁止に幅広い例外を認めることになり，これが当時の原油市況を大幅に弛緩させている。

図表 2.3　原油供給関連ニュース日付リスト
（白＝OPEC関連，灰色＝イラン制裁関連）

年	月	日	ニュース概略
2014	11	25	OPEC主要国減産合意できず
2014	11	27	OPEC会合減産合意できず
2015	04	02	核問題を解決するための枠組に諸国合意
2015	06	05	OPEC減産しないことに決定
2015	07	14	イラン核合意
2015	12	04	市場はOPECが減産しないことを予想
2015	12	07	OPEC減産合意できず
2016	01	15	イラン制裁解除を決定
2016	02	16	OPEC増産凍結に合意（減産を予想していた市場は失望）
2016	04	18	OPEC会合減産合意できず（実際に起きたのは前日4月17日（日曜））
2016	06	02	OPEC会合増産凍結しないことを決定
2016	09	28	OPEC非公式会合減産合意
2016	11	30	OPEC会合減産合意
2017	05	25	OPEC協調減産延長に合意（より長期の延長を予想していた市場は失望）

2017	11	30	OPEC減産のさらなる延長に合意（市場は予想済み）
2018	01	12	米国，イラン制裁を再開しないことを決定
2018	05	4-9	米国，核合意離脱を決定
2018	06	22	OPEC減産緩和に合意（より大幅の増産を予想していた市場は失望）
2018	06	26	米国，諸国にイランからの原油輸入停止を要請
2018	11	02	米国，制裁免除措置：免除リストには多くの諸国のイランからの輸入原油が含まれた
2018	12	07	OPEC減産合意
2019	04	22	米国，イラン原油の制裁免除を延長せず
2019	06	20	イランが米国のドローンを撃墜
2019	09	14	サウジアラビアの石油施設が攻撃される.
2019	12	6	OPECとロシア，翌年1月からの原油供給増に合意
2019	01	3-7	ソレイマニ司令官暗殺

図表 2.4　原油ニュース指標（IV1及びIV2）とドバイ原油先物価格（単位：ドル）の推移

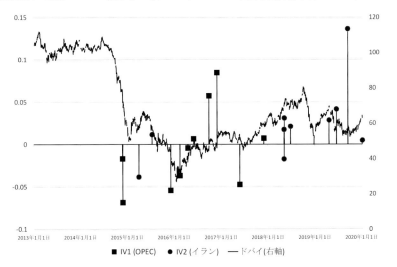

図表2.4は構築された2つの原油供給関連ニュース指標の推移を示している．これ以降はOPEC関連ニュース指標をIV1，イラン制裁関連ニュース指標をIV2という記号で表すことにする．図はこれら2つのIVを示している．また同図には，比較のために，ドバイ原油の先物価格の推移（右軸）も載せている．図からはこれらの指標が，ニュースごとにブレント先物に与える影響の符号の違いだけでなくサイズの違いも捉えていることがよくわかる．

2.8 実証モデルの推定

2.8.1 日次ガソリン価格変数

ここで議論を原油価格データからガソリン価格データに移そう．本研究で用いるのは，ガソリン価格比較用のWEBサイト（gogo.gs）に掲載されている全国平均価格データである．このようなサイトでは日々，多くのユーザーやガソリンスタンド経営者から膨大な価格情報が寄せられる．そのため，これらの業者は日次という高い頻度で全国平均の価格を算出することができる．本研究はその中でもレギュラーガソリンの現金価格を用いることにする．

さて日本の消費者が支払うガソリン価格の高い割合が税によって占められていることはよく知られている．しかもこれらの税の中には，揮発油税に代表されるように，リットル当たり何円という形で課される従量税が多い．このことがもたらす意味を考えてみよう．あるスタンドが原価に（1＋一定のマージン率）を掛けた価格をガソリンに付けたいと思っているとしよう．一方，消費者が支払う価格はスタンドにとっての価格プラス従量税から成っており，当初の状態では両者はたまたま1リットル当たり50円だったものとする．消費者が払う値段は100円である．

あるとき原油価格が10パーセント上昇し，それを受けて原価全体も10パーセント上昇したものとしよう．このとき，売り手にとっての価格はやはり10パーセント上昇して，55円になる．しかし消費者の目から見ると，税込み小売価格の半分を占める従量税の値は50円のままで全く変わっていない．よってこの価格は105円になる．つまり利用者の目に映る値上がり率は10パーセントではなく，半分の5パーセントになる．

　このように従量税の存在は，見かけ上の（ガソリンを買う側から見た）価格安定をもたらすことになる．分析者としては消費者が実際に払う価格，つまり税制によって変動率が「薄められた」価格だけではなく，税を除いたベースの価格も気になるところである．そこで本研究では，2種類のガソリン価格変数を分析対象とする．第1が元のデータセット通りの数値，つまり消費者が実際に払っている価格である．第2がその価格から税額分を著者が差し引いて求めた価格である．前者の税額未調整の価格をここではgasNON，後者の税額調整後の価格をgasADJという記号で表すことにする．

　図表2.5ではこれら2つの日次ガソリン価格変数の推移を図示している．また比較のために3つの原油先物指標，すなわちWTI，ブレント，ドバイ（いずれも終値）の推移も同じ図に示している．比較のためにすべて，2014年1月6日における値を100として基準化している．またガソリン価格が円表示であるのに対して，原油価格はすべて米ドル表示であることに注意されたい．

　一見して分かるように，2つのガソリン価格指数は3つの原油先物価格と非常に強く相関している．日本の国内ガソリン価格が世界の原油市況に大き

図表2.5　ガソリン価格日次データ（gasNON, gasADJ）と各種原油先物価格の推移
　　　　（2014年1月6日水準を100とする）

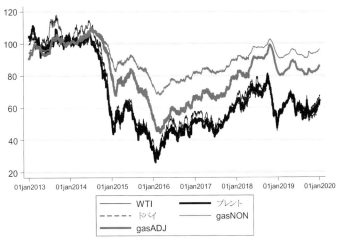

な影響を受けていることを改めて確認できる．価格が上下に動くタイミング
は原油に対してガソリンがほんの少し遅れる．そのこと自体は両者の因果関
係を考えれば当然と言えるが，ただ遅れの幅はそんなに大きくない．中東原
油が日本まで届くために要する日数を考えれば，むしろ遅れは意外なほど小
さいと言ってよいであろう．また，gasADJが原油価格に非常に近い動きを
見せているのと比べると，税額を調整していないgasNONの動きははるかに
スムーズである．これは先ほど論じたように，日本では従量税の存在が，消
費者が支払うガソリンの値段の変動を小さくすることに貢献していることを
示している．

2.8.2　ガソリン価格変数：公式統計との比較

　さてこのガソリン価格変数は日次で（土日や祝日も含めて文字通り毎日）
利用可能という意味では明らかに優れている．しかしどのくらい現実を反映
した，正確なものなのだろうか．その点を確認するためにここではこれらを
公式統計に見るガソリン価格の推移と比較する．

　公式統計のうちで最も高頻度で利用できるのは資源エネルギー庁『石油製
品価格調査』のガソリン価格統計である．これは週次データであり，原則と
して毎週月曜に調査された価格の平均を公表している．これを以下ではgas-
GOVという記号で表すことにしよう．これと比較するために，本研究のガ
ソリン価格も週次に集計した．

　図表2.6のパネル（A）はこれらの推移を比較したものであるが，本研究の
gasNONは公式統計のgasGOVと非常にきれいに相関していることがわかる．
gasADJは，税額分を差し引いているので，当然ながら値が低くなっている．

　次に，マクロ経済分析でより頻繁に用いられている，企業物価指数（CGPI）
や消費者物価指数（CPI）中のガソリン価格データと比較してみよう．これら
は月次なので，gasNONとgasADJも月中平均を取る．また先ほどのgasGOV
についても月次に変換した．図表2.6のパネル（B）がその結果である．図中，
gasCGPIが企業物価統計中の，gasCPIが消費者物価指数中の，ガソリン価格
である．比較を可能にするために，それぞれ，2014年1月の値を100と基準
化している．明らかに，gasNONは3つの公式統計とほぼ完全にと言ってよ

図表 **2.6**（**A**）　週次変換されたガソリン価格データ（gasNON, gasADJ）と公式統計（資源
エネルギー庁『石油製品価格調査』；gasGOV と表記）の比較，単位は円．

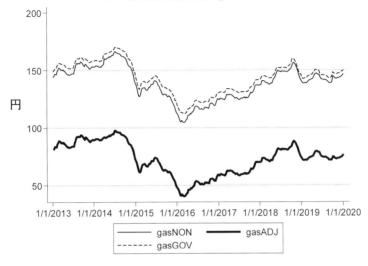

図表 **2.6**（**B**）　月次変換されたガソリン価格データ（gasNON, gasADJ），資源エネルギー
庁『石油製品価格調査』におけるガソリン価格（gasGOV）と『消費者物
価指数』中のガソリン価格（gasCPI）及び『企業物価指数』内のガソリン
価格（gasCGPI）の比較．2014 年 1 月の値を 100 として指数化．

いほど相関している．税額を除いた gasADJ も基本的な動きは同じであるが，予想通り，より大きな変動を見せている．以上から，本研究の日次ガソリン価格変数は充分正確であり統計分析に堪え得るものだと結論付ける．

2.8.3　ブレーク・イーブン・インフレ率（BEI）の導入

Shioji（2021）においては原油価格，為替レート，ガソリン価格の3つの内生変数から成る VAR モデルを考えた．これに対して本書では第4の内生変数としてブレーク・イーブン・インフレ率を加える．これは英語表記で Break Even Inflation なので，以降は BEI と表記する．

BEI は市場参加者の予想するインフレ率の指標と解釈することができる．定義は（10年物国債流通利回り）−（10年物物価連動国債流通利回り）である．ただし日本の物価連動国債の市場は流動性が乏しく，その利回りは様々な要因の影響を受ける．このため予想インフレ率の指標としては不適切との批判も多い．その点には留意が必要である．

同変数を含める目的は2つである．第1に，国内ガソリン価格は原油や為替といったコスト要因だけに影響されるわけではない．国内物価動向の影響もある程度受けると思われる．そこで国内の一般物価水準の動向を表す変数をモデルに含めることが望ましい．しかし通常の物価指数は月次（または四半期）データである．そこで日次データである BEI を含めてみることにした．第2の目的は，本研究で識別された原油供給ニュースショックが国内物価全般に与える効果を知るための，手がかりを得ることである．もちろん BEI はインフレの実測値ではない．しかし近年のマクロ経済研究は予想インフレを重視する．また日銀も近年，予想インフレの果たす役割を強調する傾向にある．よって BEI 自体を検証することに充分な意義があると考える．

2.8.4　実証分析の概要

本書では前出の4つの内生変数と1つの操作変数から成る SVAR-IV モデルを推定する．操作変数は前節で解説した原油供給関連ニュース指標である．データは全て日次であり，サンプル期間は2013年1月1日から2020年1月7日である．この期間には土曜日・日曜日・祝日（日本，英国とも）などがすべて含

まれている．ガソリン価格については全ての日についてデータが存在している．それ以外の変数については，市場が開かずにデータがなかった日についてはその前日の値（もし前日もデータが観測されなかった場合にはさらに遡り，最後に観測された値）と変わらなかったものと見なした．

　内生変数について説明すると，まず原油価格はドバイ原油先物（期先物）から計算されている．前日の終値から当日の終値への変化率を対数差分の形で求めている．これ以降の図表ではDubaiという記号で表記されている．次に為替レートは円ドルレートである．東京市場（インターバンク市場）の終値（17時時点）を日本銀行ホームページから取得した．単位は邦貨建てであり，この数値の上昇は円安を意味している．やはり前日の終値から当日の終値への変化率を対数差分の形で計算している．これにはUSDJPYという記号が当てられている．ガソリン価格としては税調整前の（すなわち元データの）gasNONと税調整後のgasADJのいずれかを用いる．いずれも前日から当日にかけての変化率を対数差分で求めている．BEIについては先に説明した通りである．

　操作変数は原油供給関連ニュースが流れた日におけるブレント先物価格をもとに計算されている．これもやはり前日の終値から当日の終値にかけての変化率を，対数差分の形で計算している．ニュースがなかった日には操作変数の値はゼロと置かれる．日本と英国との時差を考え，ニュース指標については1日のラグを取っている．以下ではOPEC関連ニュース指標であるIV1，イラン制裁関連ニュース指標であるIV2，または両者の和すなわちIV1＋IV2の3通りを試し，結果を比較する．

　ラグ次数はShioji（2021）においては統計学的な基準により14とした．しかしその後の追加検証で，これがあまり短いと後に示すガソリン価格の反応のサイズが小さめに，スピードは速めに出てしまうことが分かった．そこで本書ではより慎重に28日（つまり4週間）分のラグを取ることにした．

　推定にはMertens and Ravn（2019）で用いられたMatlabコードをMertensがWEB上で公開しているものをダウンロードし，著者が適宜変更を加えた．

　なお，操作変数を用いた推定が意味を持つためには，それが内生変数，この場合にはVAR内の原油価格変数と充分に強く相関していることが大前提

である．これを確認するためには，当該内生変数を被説明変数，操作変数を説明変数とした回帰分析（つまり2段階最小二乗法推定における第1段階）を行い，その当てはまりのよさを意味するF値を報告するのが通例である．ここでも同様の計算を行った．ラグ次数は8として，Newey and West（1987）が提案する標準誤差修正を施した．結果として得られたF値は操作変数に関わらず軒並み100前後となり，目安とされる10を大幅に上回った．従って本研究においては「弱い操作変数」の問題は存在しないと考えてよいだろう．

2.9　推定結果①　OPEC 関連ニュース指標を用いた場合

2.9.1　図表の見方

　図表2.7から2.9では実証モデルの推定結果から得られたインパルス応答関数を示している．ここで言うインパルス応答関数とは原油供給関連ニュースのために原油価格が1パーセント上昇したときに，各変数が日を追うにつれどのように変化していくかを表したものである．よって横軸はショックがあった日をゼロとして，それ以降に経過した日数を表している．図には83日後まで，つまりショックから12週間（ほぼ3カ月）の反応が示されている．なおここで示しているのは，BEIに関するものを除き，「累積」インパルス応答関数である．つまり，前節で説明したようにBEI以外の内生変数は対数差分の形でモデルに入れられているのだが，図示されているのは対数差分の積み上げ，つまりは各変数の対数値の水準が時間とともにどのように変化していくかである．

　図中，中央の実線はインパルス応答関数の点推定値である．その上下の破線は95パーセント信頼区間に対応する．これらはJentsch and Lunsford（2019）が提案した手法から計算されている．

　図表2.7は操作変数としてIV1つまりOPEC関連ニュース指標を用いた場合の結果を示すものである．まずパネル（A）はドバイ原油，（B）は為替レート，（E）はBEIの反応を図示している．これらはガソリン変数としてgasA-DJを用いた場合の推定結果だが，代わりにgasNONを使っても結果は同一と言ってよいものになった．これは他の図についても同様である．パネル（C）がgasNON，（D）がgasADJの反応である．

図表 **2.7**　推定結果　原油供給ニュースショックに対する反応
　　　　　　操作変数として IV1（OPEC 関連ニュース指標）を用いた場合

(A) ドバイ原油の反応

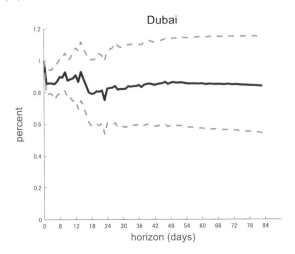

(B) 円ドルレートの反応

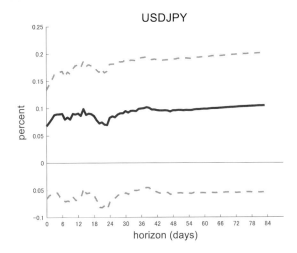

(C) ガソリン価格（税込み）の反応

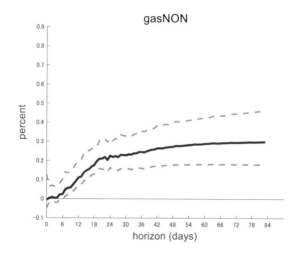

(D) ガソリン価格（税調整後）の反応

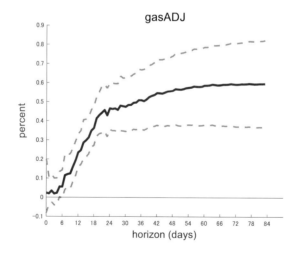

図表 **2.7**　続き

(E) BEI の反応

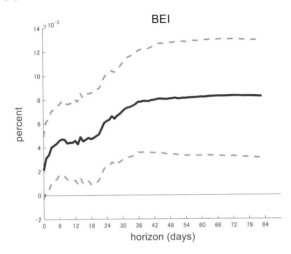

2.9.2　原油価格と為替レートの反応

　ではまずパネル（A）を見てみよう．第0期時点での反応がちょうど1パーセントになっているが，これはそうなるようにショックのサイズを想定したからである．大事なのはこの反応がその後もほぼ水平な形をしている点である．これはOPEC関連ニュースがあって原油価格がいったん1パーセント上がると，原油価格はほぼそのままの水準をキープし続けることを意味している．厳密に言うと，長期（83日後）の反応は0.84である．よって原油供給ニュースショックは原油価格水準に持続的な影響を与えるものだと結論付けられる．なお点推定値の周りのバンドが全て正の領域にあることから，この反応は常に非常に強く有意に正であると結論付けられる．

　パネル（B）において点推定値は正であり，これはこのショックが円安をもたらすことを示唆している．ただしこの反応は全く有意ではない．

2.9.3　ガソリン価格の反応

　パネル（C）において gasNON の反応は当初は小さく，有意にゼロと異なら

ない．しかし約1週間後から反応は有意に正に転じ，最終的には（83日後には）0.32に達する．注目したいのはそこに至るスピードである．ショックがあってから19日で反応は0.2を超えるのだが，これはこの時点で最終効果の約70%がすでに出尽くしていることを意味する．

　以上から国内ガソリン価格は原油供給ニュースショックに対して非常に速いスピードで反応することが分かる．これは（著者がもともとイメージしていた）原油先物価格の上昇がまずは実際の原油取引価格に反映され，値上がりした原油が中東などで船積みされ，これが日本に到着し，これを元に精製されたガソリンから順次価格が上がっていく…という姿とは全く異なる．むしろ原油供給の先行きが細りそうだというニュースが流れると世界市場における原油先物価格が上昇し，その情報が日本にもたらされるとほぼ直ちにガソリン値上げに向けての準備作業に入る，という方が実際に近いようである．

　よってガソリン価格の分析では本研究のように日次データを用いることが非常に重要である．公式統計は最も頻度が高いものでも週次であり，それではこのような急速な反応を捉えきることはできない．多くのマクロ経済実証分析では月次や四半期データを用いるが，1か月以内にほとんどの反応が終わってしまう以上，このようなダイナミックな反応を検出することは期待できない．

　パネル（D）において，gasADJの反応の形状はgasNONと同じである．ショックから19日で最終効果の70パーセントが出尽くすというスピード感も変わらない．違いはそのサイズである．gasNONの反応が約0.32に収束したのに対し，gasADJはおよそ2倍の約0.60まで上昇する．この違いはgasNONに含まれる従量税が原油価格に反応しないことから来ている．つまり従量税の存在によって，国内消費者が払うガソリン価格の変動率は半分程度に抑えられているのである．以上のように，ショックがあると原油価格は最終的に0.84パーセント上昇する．これに対し国内ガソリン価格はgasADJで見て0.60パーセント上昇する．前者に対する後者の比率を長期の「パススルー率」（価格の転嫁率）と呼ぶ．この値は0.71，つまり71パーセントである．これは高いとみるべきだろうか，案外低いとみるべきだろうか．1つのヒントはガソリン生

産に占める原油コストの割合を計算してみることである．著者はShioji and Uchino（2011）で産業連関表の2007年版（やや古くなってしまったが）を用いてこれを約90パーセントと算出した．これを基準とすると上記推定結果はやや低めに見える．ただしこの計算では商業マージン等が考慮されていない（「生産者価格表示」の産業連関表に基づいている）ので，それを考えれば妥当な結果と考える．

2.9.4　BEIの反応

　パネル（E）においてBEIの反応は有意に正であり，原油供給ニュースショックによる原油価格上昇が市場の予想インフレを押し上げることが伺える．その意味では事前予想通りである．ただし図の形状から，ニュースを受けて予想がいきなりジャンプするのではなく，1か月半程度かけて徐々に上がっていくこともわかる．これは市場参加者がニュースを見て直ちに今後起こるだろうことを価格に織り込むのではなく，ある程度時間をかけて情報を咀嚼することを示唆する．ショックがあってから3か月後のBEIの反応は0.008である．これを同時点における原油価格の反応である0.84で割ると，「1パーセントの原油価格上昇は長期的に予想インフレ率を0.01パーセント上昇させる」という結論になる．著者はこれを見た当初，ずいぶん低い値だと感じた．著者がかつて行った，産業連関表を基にした計算によると，日本の消費財とサービス全般の生産に占める原油コストの割合は2〜3パーセント程度である．それを考えればパネル（E）の2倍程度の反応が観察されても不思議ではないように思える．

　ただし考えてみれば，次の点には注意をする必要がある．ある日，原油価格が上昇するようなショックがあったとしよう．いま問題になっているのは，それから3か月たった時点における物価の「先行き」予想である．注意すべきは，その頃には原油高の影響はすでにある程度実際の物価に現れてしまっているはずだということである．例えば先ほどの結果によれば，ガソリン価格はこの時までに上がり切ってしまっているから，さらに上がることは期待できない．つまりある時点におけるBEIに反映されるのはあくまで，「その時点以降生じるだろう物価上昇」である．これは「ショックが物価に与え

る全効果」から「その時点までに生じた物価上昇」を差し引いたものと考えなくてはならない．そう考えれば，上記の推計結果もさほど非現実的なものではないかもしれない．この点に注意しつつ，今後さらに分析を深めていく予定である．

2.10 推定結果②　イラン制裁関連ニュース指標を用いた場合

　図表2.8はイラン制裁関連ニュース指標，つまりIV2を用いた場合の結果を報告している．点推定値はIV1の場合とあまり変わらない．問題は信頼区間のバンドが広がり，上下非対称のいびつな形になっていることである．特にUSDJPYとBEIにおいて顕著である．著者はこれはIV2の方が操作変数としての適切さがより劣ることの表れではないかと考えている．IV1で捉えたOPECによる増産・減産は基本的には原油市場の中におけるショックと見ることができる．これに対して，IV2の基となるイラン制裁の強化・緩和のニュースは国際関係の中で生じるものであり，より政治的色彩が濃い．例えばサウジアラビアの油田施設に攻撃が加わって米国とイランの間の緊張が高まると，それは世界的な原油供給の先行きに影響するだけでなく，世界経済の緊張の高まりをもたらす．不確実性の増大は原油以外の様々な市場における需給に影響する可能性がある．この意味でIV2は純粋な原油ショック以外の要素を拾ってしまっている可能性がある．ただしそうは言っても結果の大筋が変わったわけではなく，この結果はIV1を用いた結果の頑健性を証明するものとしてやはり重要と言えるだろう．

図表 2.8 推定結果　原油供給ニュースショックに対する反応
　　　　　操作変数として IV2（イラン制裁関連ニュース指標）を用いた場合

(A) ドバイ原油の反応

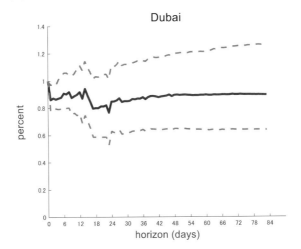

(B) 円ドルレートの反応

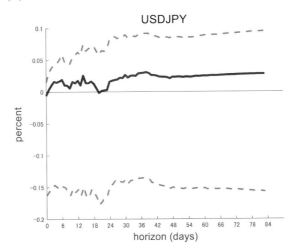

図表 **2.8** 続き

(C) ガソリン価格（税込み）の反応

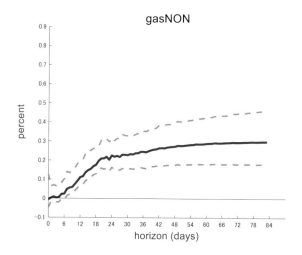

(D) ガソリン価格（税調整後）の反応

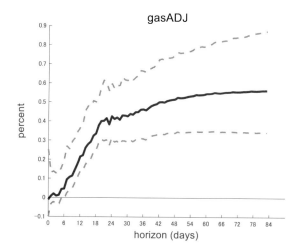

図表 **2.8**　続き

(E) BEI の反応

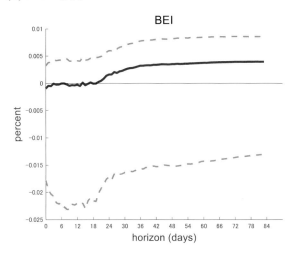

2.11　推定結果③　その他の結果

2.11.1　結果の頑健性の確認

　操作変数として IV1 + IV2 を用いた場合の結果は，IV1 の場合と基本的に同じであった．そのため図表の掲載は省略する．

　ここまで見た推定では BEI を除く全ての内生変数について対数差分を用いていた．これらの差分を取らず，各変数の対数値をそのままモデルに入れて推定した結果，これまで得られた大きな結論には変更が見られなかった．ただしインパルス応答関数は長期的にある水準に収束して水平になるのではなく，非常にゆっくりとではあるが元の水準に戻っていく形状になった．

　データを週次や月次レベルに集計した分析も行ってみた．結果の有意性などには変化がなかった．しかし，特に月次レベルまで集計してしまった場合，信頼区間が大きく広がっていびつな形状となり，操作変数がうまく機能していないことをうかがわせる結果となった．このことは日次データを用いることが，価格調整過程を高い精度で捉える上で重要であることを再確認するも

のと考えている.

2.11.2 信頼区間の算出法について

SVAR-IV を用いた実証研究の先行研究では信頼区間の推定方法について議論があった. 図表2.9は代表的な3つの手法に基づく結果を, gasADJのケースについて比較したものである. まず中央の太実線は点推定値であり, これは図表2.7パネル (D) と同じである. SVAR-IV を最初に提唱した Mertens and Ravn (2013) で用いられていたのが "Wild bootstrap" と呼ばれる手法であり, 図中では破線で表されている. この手法は Brüggemann, Jentsch, and Trenkler (2016) によって信頼区間の幅の広さを過小評価すると指摘された. そこで Jentsch and Lunsford (2019) が提唱したのが, 本研究で用いた "Block bootsrap" であり, 図中では点線で表されている. これは図表2.7パネル (D) の破線と同じものである. 図から分かるように確かに, こちらの手法を使った方が, バンドはやや広くなる. とはいえ, どちらの手法を使っても主要な結論に変更はない. なお, もう1つの手法である "Parametric bootstrap" (Olea, Stock,

図表2.9 異なる信頼区間の算出法の比較

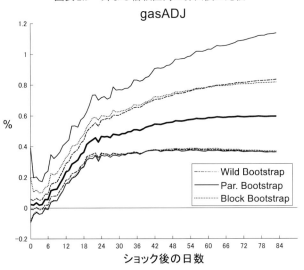

and Watson（2020））に基づく結果が図中の細実線で示されているが，さらにバンドが広がり，上下非対称性が大きくなっている．ただ，この場合でも結論に変更はなく，本章の結果は非常に頑健なものと言える．

2.12　本章の結論

　以上をまとめると，原油供給ニュースショックがあったとき，国内ガソリン価格は実際のコストが上昇するのを待たず，非常に高速で反応する．つまりショックは国際的な商品市場を通じて直接的に国内価格に波及する．価格調整の7割方は3週間もたたずに完了する．また長期パススルー率は税調整後価格で71パーセントである．

　このように価格反応が月単位ではなく日単位で生じるという結果は，日次データを用いた研究の重要性を示している．旧来の月次や四半期統計を用いた分析では，こうした調整過程を正しく捉えることはできない．このことは今後行われる，関連分野の研究にも重要な示唆を与えるものと考えている．

第3章

個別ガソリンスタンドに関する
データセットの紹介

　ここからは個別店舗レベルのガソリン価格データセットを用いた分析に移る．このデータは非常に新しいものなので，本章ではその特徴を明らかにする作業を行う．このデータセットは前章の時系列分析と同じWEBサイトに掲載されたものである．データ収集は現在一橋大学経済研究所特任講師である湯淺史朗氏により行われた．同氏は一橋大学大学院経済学研究科博士課程在籍時には著者のリサーチアシスタント（研究補助者）として，現職に移ってからは共同研究者として，この類まれなデータセットの構築に従事してくれた．本研究に対する同氏の貢献に感謝したい．

3.1　データセットの概要と規模

　データ収集は2018年7月後半に開始された．データは日次である．ここでは2018年8月6日から2020年1月7日までの535日間に観測されたデータを用いている．なお価格が観測された日とそれが報告された日は必ずしも一致しないが，本書で言及する日付は一貫して，価格が観測された日を指している．資源エネルギー庁には全国で30,070店のガソリンスタンドが登録されている（2019年3月時点）．これに対し，同時点でWEBサイトに登録されているのは29,000程度である．もっとも，政府に登録が残っていても経営実態がない店舗もあるかもしれず，後者の値の方が実数に近い可能性もある．ただ，その中にはこの期間に一度も価格が観察されなかった店も多い．1回でも価格記録が存在するのは21,932店である．

　一方，観測値総数（ある店舗につきある1日に価格が記録されていれば1と数える，延べ数）は657,534である．これは，価格記録がゼロの店舗を除くと，1店舗平均で535日間に約30回，価格が報告されていることを意味し

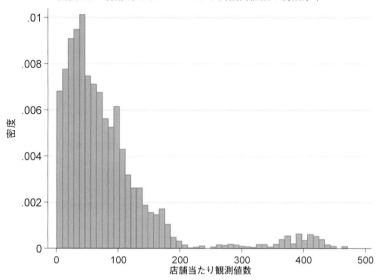

図表3.1　店舗当たりデータセット内観測値数の度数分布

ている．1日平均で見ると価格が報告されているのは1,229店舗，つまり価格記録が1つでもある店舗全体の約5.6パーセントである．従って本データセットは膨大ではあるが，欠損値の非常に多いものであることには注意を要する．

　したがってミクロ計量経済学の分野でしばしば行われるパネルデータ分析にはあまり向かないというのが著者の感触である．そこで本研究書ではこれをあきらめ，このデータセットを「経時的に利用可能なクロスセクション（横断面）データ（"repeated cross section data"）として取り扱うことにする．そして各時点における店舗間の価格分布に注目し，その形状が時間とともにどう移り変わっていくかに最大の関心を寄せることにする．

　なお図表3.1にはデータセット内の店舗別観測値数の度数分布が描かれている．この間の価格報告回数が400件を超えるような店舗もあるが，ごくまれである．大半の店舗について，件数は100未満であることが分かる．

3.2　利用可能な情報

　ガソリン価格としてはレギュラーガソリンの1リットル当たり現金価格を使うことにした．このほかにはハイオクの現金価格，及び両タイプのガソリンの会員価格が利用可能である．

　このほかに利用可能な情報として，まず店舗の名称及び住所がある．住所は番地・号までフルに利用可能である．また各店舗が何らかの企業系列に属するかそれとも独立系か，独立でない場合にはどの系列かも知ることができる．この情報は価格が報告されるたびに同時に記録されるので，サンプル期間途中で系列が変わった（ないしは同一系列内の別ブランド名に変わった）場合にはそれも把握することができる．

　もう1つ重要なのが店舗で提供されるサービス内容に関する情報である．最も重要なのが，

　　・セルフサービスの機会を提供しているか

が記録されていることであろう．さらに

　　・24時間営業か

　　・車検を行ってくれるか

　　・ATMが付設されているか

　　・オイル交換を行ってくれるか

　　・タイヤ交換を行ってくれるか

　　・レンタカーを借りられるか

　　・カフェが併設されているか

　　・コンビニが付設されているか

　　・洗車サービスを利用可能か

に関する情報が利用可能である．これらも価格データと同時に記録されているので，同一店舗でも内容に変更があった場合には捕捉できる．

3.3　公式統計との比較検証①　都道府県別の店舗数シェア

　既に述べたように，このデータセットはもともと，ドライバーなどから寄せられた情報をもとに作られたものである．従ってあまり人が立ち寄らない

ようなガソリンスタンドについての情報が乏しくなっている可能性がある．一方で，交通量が激しい道路沿いのガソリンスタンドについては頻繁に情報が更新されているかもしれない．これによりサンプリングに偏りが生じているかもしれない．もっとも，人が多く訪れるガソリンスタンドは給油総量も多いだろうから，消費量でウェイト付けされた加重平均価格に興味がある場合にはそれでも差し支えない，という考え方もあるだろう．

　いずれにしても，データセット内の構成比に偏りがあるかどうかを知っておくことは，それ自体が有益である．そこで，このことに関する手掛かりを得るため，ここでは都道府県別に見て，データセット内で価格が報告されている件数の分布を実際の分布と比較してみる．後者は公式統計，すなわち資源エネルギー庁『石油製品価格調査』から得られたものである．

　図表3.2のパネル（A）にある散布図において，縦軸は本研究のデータセット内で価格が報告されている件数のシェアを都道府県別に見たものである．件数は延べ数であって，サンプル期間内に何回も報告対象になっている店舗もあれば，データセットにあまり顔を出さない店舗もあることには注意が必要である．なお，観測値数15未満の店舗は除いている．横軸は公式統計における店舗数の都道府県別シェアである．後者は2018年末のデータをもとに計算されている．実線は原点を通る45度線である．両者の間には明らかに強い正の相関がある．しかし45度線上にきれいに並んでいるとは言えないだろう．データセット内の観測値数1位の県（愛知県）のようにこの線から上に大きく外れている所もある．

　パネル（B）では縦軸は（A）と同じだが，横軸を公式統計における店舗数ではなく，販売量（2019年中）のシェアに直している．こちらの方がより両者の相関は高まり，45度線に近い散布図になっている．ただし公式統計販売量シェア第1位の東京都は例外である．このことから，本研究のデータセットは訪れる人の数が多い店舗ほど観測値が多く含まれる傾向があるため，そこから計算される平均価格は店舗ごとの価格をそのまま平均したというよりも，販売量でウェイト付けした平均に近くなると思われる．

図表 3.2（A）　都道府県別，データセット内の観測値数シェア対公式統計（資源エネルギー庁『石油製品価格調査』）内の店舗数シェア

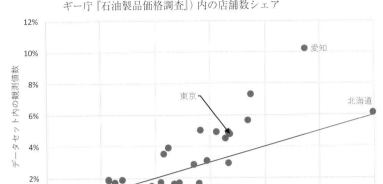

図表 3.2（B）　都道府県別，データセット内の観測値数シェア対公式統計内の販売量シェア

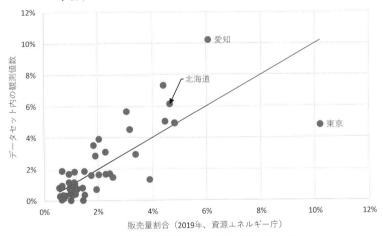

（注）図中の実線は 45 度線である．観測値 15 未満の店舗は除いている．

3.4　公式統計との比較検証②　都道府県別の平均価格水準

次に，本研究が頼る価格データがどの程度現実を反映しているのか，都道

府県別の平均価格をもとに見てみよう．図表3.3において，パネル（A）は本
研究のデータセット，（B）は公式統計における都道府県別平均価格である．
都道府県の番号の振り方は資源エネルギー庁のものを使っている．（A）は

図表 **3.3** 都道府県別価格の平均値の比較

（A）本研究のデータセット

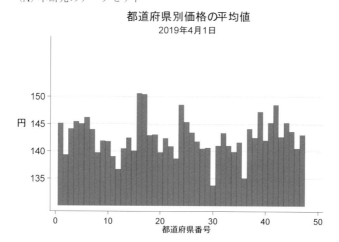

（B）公式統計

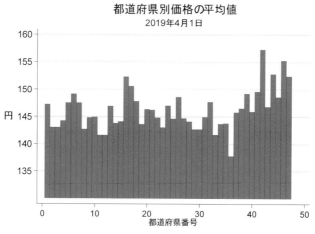

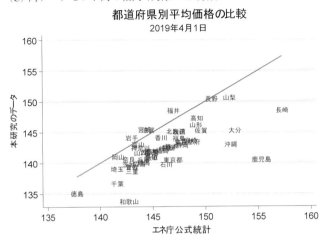

図表3.3　続き

（C）両データセット間の相関（実線は45度線）

都道府県別平均価格の比較

2019年4月1日

2019年4月1日を中心とする7日間の平均価格，（B）は2019年4月1日当日の観測値である（先述のように，公式統計の調査は通常は月曜に行われ，同日も月曜だった）．前者を縦軸，後者を横軸にした散布図がパネル（C）である．全体的に水準は本研究のデータの方が低いものの，大半の都道府県について非常に強い正の相関がみられる．主な例外は九州地方の一部の県である．これはこのデータセットに含まれる同地方のサンプルが比較的少ないことに起因すると考えられる．事実，これ以外の日について同様の散布図を描いてみると，基本的な右上がりの形状は変わらないが，そこから外れた県があちこちに「飛び回る」ことが分かった．このように，本データセットの主な問題は数値の偏りではなく，一部の県のサンプル数が少ないことから来る分布のばらつきの大きさと考えられる．

3.5　公式統計との比較検証③　各都道府県の平均価格推移

次に各都道府県において平均価格が時間とともにどのように推移してきたかをデータを週次に集計してグラフ化する．その結果を公式統計と比べる．これを行ったのが図表3.4である．パネル（A）は本データセットにおいて観

図表**3.4** 都道府県別平均ガソリン価格の推移，週次，
公式統計（資源エネルギー庁『石油商品価格調査』）との比較
（A）本研究で用いるデータセット内で観測数が少ない県の場合

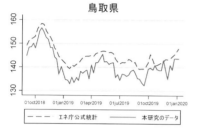

鳥取県

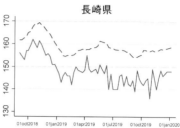

長崎県

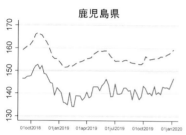

鹿児島県

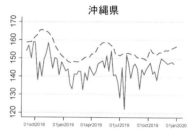

沖縄県

（B）観測数が多い道県の場合

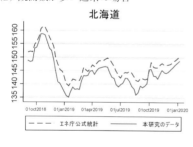

北海道

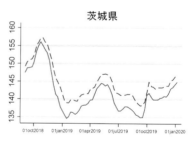

茨城県

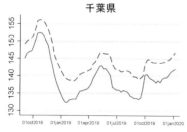

千葉県

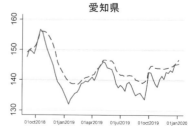

愛知県

測値数の少ない県を取り上げている．順に鳥取県，長崎県，鹿児島県，沖縄県である．どの県も長い目で見れば公式統計とかなり相関している．しかし公式統計に見られないような変動の激しさが目に付く．パネル（B）は本データセットで観測値数が多い茨城県，北海道，千葉県，愛知県に関するものである．やはり公式統計と非常によく相関している．動き自体もスムーズである．

　以上から，本データセットを分析する場合，あまり細かいグループ分けをしない方が賢明と思われる．データの多い愛知県などは単体で抜き出して分析しても構わないだろうが，沖縄県のガソリン価格推移のみに焦点を当てた分析などは難しいだろう．

　なお，これらの図表を通じて一貫して，本データセットの方が平均価格が低い傾向が見られる．この原因は今のところ不明である．税の取り扱いや曜日の影響ではないことは確認している．データ数が充分ある限り両者の差はほぼ安定しているので，価格の格差や推移の分析には差し支えないものと思われる．

　以上でデータセットそのものの紹介と吟味が済んだので，次章からはこれを用いた分析へと進みたい．

第4章

ガソリン価格の店舗間格差と
その決定要因

4.1　回帰分析のデザイン

　本章では，店舗ごとのガソリン価格が，当該店舗固有の特性にどのような
影響を受けているかを明らかにする．そのために全てのデータをプールした
うえで，回帰分析を行う．被説明変数は各時点で報告された各店舗における
ガソリン価格である．ただし税額の影響を取り除いたうえで対数値を取って
いる．また観測値数15未満の店舗はサンプルから除いている．

4.1.1　立地ダミー

　説明変数は3タイプに分けられる．第1タイプには店舗の所在地に関する
ものが含まれる．具体的にはまず店が立地している都道府県に関するダミー
変数を含めた．福島県を除く46都道府県のダミーを使ったので，その係数
は「その平均的なガソリン価格は福島県に比べて高いか，低いか」を表すも
のと解釈できる．なお福島県を選んだのは同県のデータ数が比較的多く，平
均ガソリン価格水準が全国平均に近かったからである．次に政令指定都市と
東京都区部に関するダミー変数を入れた．すでに都道府県ダミーが入ってい
るから，これらの変数に掛かる係数は，「その都市が所属する県（または都・
道・府）全体と比べて，その年の平均価格はより高い傾向があるか」を表し
ている．最後に「高速道ダミー」を加えた．住所情報からあるガソリンスタ
ンドが高速道路上にあるかどうかを判断するのは難しい．そこでここでは各
店舗の名称に注目し，どこかに「SA」（サービスエリア）または「PA」（パー
キングエリア）という単語が入っていたら，それは高速道路にあるものと判
断した．これにより全ての該当店舗を網羅できる保証はないが，この方法で

選ばれた店舗はほぼ間違いなく高速道路上と考えてよいだろう.

4.1.2 系列ダミー

第2タイプの説明変数は各店舗が所属する企業系列に注目する.本書執筆時点（2020年12月），原データでは各店舗は次の10系列に分類されている：ENEOS, 出光，昭和シェル石油，コスモ石油，KYGNUS, SOLATO, carenex（本研究の図表中では伊藤忠エネクスと表記），三菱商事エネルギー，JA-SS, 独自・その他.サンプル期間内ではこのほかにMobil, ゼネラルという分類が存在していた時期もあったが，これらはENEOS系に含めることにした.また出光と昭和シェル石油は2018年4月から統合に向けて動き出しており，サンプル期間途中の2019年4月には経営統合されたので，1つの系列と見なすことにした.「独自・その他」を参照グループとして扱って，8つの系列ダミー変数を含めた.これら変数の係数は「独自・その他と比べて当該系列店舗の価格は平均的に高い傾向があるか」を測るものといえる.

4.1.3 サービス内容ダミー

第3タイプの説明変数として，第3章で説明した10種類のサービスそれぞれについて，それが提供される店舗について1を，ない場合には0を取るダミー変数を加えた.

4.2 回帰分析の結果

回帰分析の結果は図表4.1に掲げられている.1列目は立地ダミーのみを含めたケースを示す.2列目はこれに系列ダミーを加えている.3列目ではサービス内容ダミーを追加したが，洗車ダミーだけは情報が利用可能でない店舗が多かったので，除いている.ここまではサンプル数は60万程度である.4列目に洗車ダミーを加えたところ，サンプル数は50万程度に落ちた.列と列の間を比較してみると，説明変数群が新たに追加されることで，それまで入っていた説明変数に関する結果が大きく変わるケースはほとんどない.そこで主に3列目を見ながら議論を進めたい.

立地ダミーについて，多くのものが有意に正または負となっている.その

意味で立地は価格に重要な影響を与えていることはわかる．ただしその影響の仕方に一定のパターンを見出すことは難しい．例えば都市圏は高く地方圏は低いとか，あるいはその逆といったわかりやすい傾向はほとんど見られない．例えば新潟県は低いが高知県は高い．比較的目につくのは埼玉・千葉・東京が低めに出ていること，しかしその中で東京都区部が東京全体よりは高く出ていること（したがって値段が低いのは多摩地区と思われる）であろうか．

　実は立地変数の中で最もインパクトがあるのは高速道ダミーである．その係数は，他の条件が同じであれば，高速道沿いの店舗の方が7％以上値段が高いことを示している．有意性を表すt値も40を超えている．

　系列ダミーはすべてが強く有意となっている．これは各種系列店の方が独立系よりも価格が平均的に高めであることを表している．系列店の中でもいわゆる三大系列はやや高めである．

　サービスダミーについて見ると，セルフの店はそうでない店と比べて有意に低く出ており，これは予想通りである．タイヤ交換とレンタカーを使える店が価格が高い，つまり追加サービスを提供することに対するプレミアムを享受しているのも予想通りである．24時間営業，オイル交換，ATM，コンビニ，及び洗車がマイナスに出ているのは著者の当初の予想には反するものだった．これについては，こういったサービスを提供できるのはスペースに余裕のある，つまり町の外の店舗であって，そういったところでは価格が低いのだ，という説明があり得る．もしそうだとすると，この結果は欠落変数バイアスの現れということになるので，問題である．一方で，こういった店舗は追加サービスから利益を得られるからガソリン価格を抑えてもやっていけるのだ，という解釈もあり得る．この点を明らかにするのは今後の課題としたい．

図表4.1 回帰分析の結果
左辺：店舗別，日別のガソリン価格（税調整済み，対数値）

	(1) 住所のみ	(2) 系列ダミー追加	(3) サービス追加 (洗車以外)	(4) 洗車追加
北海道	-0.0123*** (-5.64)	-0.0117*** (-5.60)	-0.0145*** (-7.75)	-0.0173*** (-9.04)
青森県	-0.0221*** (-7.24)	-0.0189*** (-6.49)	-0.0203*** (-7.78)	-0.0226*** (-8.43)
岩手県	-0.0491*** (-12.40)	-0.0487*** (-12.93)	-0.0428*** (-12.71)	-0.0469*** (-13.59)
宮城県	-0.0334*** (-8.67)	-0.0333*** (-9.09)	-0.0304*** (-9.29)	-0.0327*** (-9.73)
秋田県	0.00397 (1.12)	0.00396 (1.18)	0.00388 (1.28)	0.00332 (1.07)
山形県	0.0118** (2.66)	0.0130** (3.07)	0.0138*** (3.66)	0.0141*** (3.65)
茨城県	-0.0316*** (-14.89)	-0.0332*** (-16.37)	-0.0349*** (-19.29)	-0.0372*** (-20.03)
栃木県	-0.0243*** (-10.49)	-0.0239*** (-10.86)	-0.0257*** (-13.04)	-0.0247*** (-12.22)
群馬県	-0.0223*** (-9.70)	-0.0229*** (-10.44)	-0.0271*** (-13.82)	-0.0255*** (-12.69)
埼玉県	-0.0395*** (-18.76)	-0.0412*** (-20.49)	-0.0390*** (-21.69)	-0.0403*** (-21.80)
千葉県	-0.0415*** (-19.74)	-0.0439*** (-21.89)	-0.0410*** (-22.87)	-0.0436*** (-23.65)
東京都	-0.0444*** (-16.48)	-0.0474*** (-18.46)	-0.0439*** (-19.05)	-0.0443*** (-18.78)
神奈川県	-0.0265*** (-10.75)	-0.0288*** (-12.27)	-0.0281*** (-13.34)	-0.0304*** (-14.07)
新潟県	-0.0407*** (-14.86)	-0.0407*** (-15.62)	-0.0462*** (-19.85)	-0.0458*** (-19.21)
山梨県	0.0161*** (3.86)	0.0164*** (4.12)	0.0142*** (3.98)	0.0148*** (4.03)
長野県	0.0299*** (11.38)	0.0291*** (11.65)	0.0232*** (10.38)	0.0246*** (10.69)
静岡県	-0.00412 (-1.75)	-0.00543* (-2.42)	-0.00598** (-2.98)	-0.00831*** (-4.04)
富山県	-0.0192*** (-7.92)	-0.0202*** (-8.75)	-0.0145*** (-7.00)	-0.0235*** (-11.08)
石川県	-0.0356*** (-13.91)	-0.0341*** (-14.00)	-0.0329*** (-15.15)	-0.0384*** (-17.21)
岐阜県	-0.0213*** (-7.86)	-0.0199*** (-7.69)	-0.0193*** (-8.33)	-0.0233*** (-9.81)
愛知県	-0.0264*** (-13.19)	-0.0266*** (-13.92)	-0.0237*** (-13.84)	-0.0292*** (-16.60)
三重県	-0.0459*** (-17.31)	-0.0445*** (-17.61)	-0.0430*** (-19.01)	-0.0444*** (-19.15)
福井県	-0.0355*** (-8.83)	-0.0334*** (-8.71)	-0.0289*** (-8.34)	-0.0344*** (-9.72)

滋賀県	0.000402 (0.13)	-0.00211 (-0.69)	-0.000388 (-0.14)	-0.000520 (-0.19)
京都府	-0.0220*** (-7.32)	-0.0223*** (-7.79)	-0.0150*** (-5.86)	-0.0207*** (-7.90)
大阪府	-0.0218*** (-9.63)	-0.0231*** (-10.71)	-0.0182*** (-9.42)	-0.0218*** (-10.97)
兵庫県	-0.0150*** (-6.35)	-0.0157*** (-6.94)	-0.0146*** (-7.24)	-0.0161*** (-7.78)
奈良県	-0.0320*** (-11.66)	-0.0325*** (-12.43)	-0.0309*** (-13.19)	-0.0338*** (-14.09)
和歌山県	-0.0348*** (-11.52)	-0.0291*** (-10.10)	-0.0333*** (-12.90)	-0.0327*** (-12.38)
鳥取県	-0.0305** (-3.17)	-0.0347*** (-3.79)	-0.0285*** (-3.48)	-0.0300*** (-3.59)
島根県	-0.0107** (-2.99)	-0.00573 (-1.69)	-0.000977 (-0.32)	-0.00301 (-0.97)
岡山県	-0.0139*** (-3.31)	-0.0106** (-2.65)	-0.0111** (-3.12)	-0.0116** (-3.17)
広島県	-0.0271*** (-8.73)	-0.0277*** (-9.37)	-0.0283*** (-10.70)	-0.0300*** (-11.04)
山口県	-0.0361*** (-10.46)	-0.0372*** (-11.32)	-0.0380*** (-12.90)	-0.0401*** (-13.29)
徳島県	-0.0295*** (-10.60)	-0.0262*** (-9.88)	-0.0306*** (-12.91)	-0.0254*** (-10.42)
香川県	-0.00433 (-1.04)	-0.00497 (-1.26)	-0.00237 (-0.67)	0.00137 (0.38)
愛媛県	-0.00584* (-2.18)	-0.00152 (-0.59)	-0.00630** (-2.73)	-0.00966*** (-4.06)
高知県	0.0467*** (12.71)	0.0485*** (13.84)	0.0430*** (13.68)	0.0477*** (14.64)
福岡県	-0.0128*** (-4.03)	-0.00790** (-2.61)	-0.0112*** (-4.15)	-0.0103*** (-3.71)
佐賀県	-0.00765 (-1.28)	-0.00484 (-0.85)	-0.00569 (-1.12)	-0.00551 (-1.06)
長崎県	0.0262* (2.40)	0.0221* (2.13)	0.0245** (2.64)	0.0258** (2.71)
熊本県	-0.00345 (-0.83)	-0.00145 (-0.36)	-0.00191 (-0.54)	-0.00272 (-0.74)
大分県	0.0233*** (5.86)	0.0232*** (6.12)	0.0189*** (5.58)	0.0206*** (5.91)
宮崎県	0.00312 (0.88)	0.00634 (1.88)	0.00501 (1.66)	0.00658* (2.13)
鹿児島県	-0.0215*** (-5.10)	-0.0121** (-3.01)	-0.0145*** (-4.02)	-0.0125*** (-3.38)
沖縄県	-0.0215 (-1.81)	-0.0253* (-2.24)	-0.0154 (-1.52)	-0.0126 (-1.22)

札幌市	0.00264 (1.13)	0.00160 (0.72)	0.00445* (2.23)	0.00242 (1.18)
仙台市	0.0152*** (3.49)	0.0126** (3.04)	0.0132*** (3.55)	0.0145*** (3.82)
さいたま市	0.00481 (1.24)	0.00501 (1.36)	0.00486 (1.47)	0.00705* (2.08)
千葉市	-0.0129*** (-3.97)	-0.0129*** (-4.18)	-0.00785** (-2.84)	-0.00715* (-2.52)
川崎市	-0.00331 (-0.93)	-0.00404 (-1.19)	-0.00120 (-0.40)	0.000835 (0.27)
横浜市	0.00406 (1.52)	0.00267 (1.05)	0.00218 (0.96)	0.00334 (1.43)
相模原市	-0.0274*** (-5.45)	-0.0283*** (-5.92)	-0.0254*** (-5.96)	-0.0213*** (-4.88)
新潟市	0.00485 (1.51)	0.00363 (1.19)	0.00480 (1.76)	0.00442 (1.59)
静岡市	0.00916** (2.76)	0.00827** (2.62)	0.00670* (2.38)	0.00607* (2.10)
浜松市	-0.0109*** (-3.59)	-0.0104*** (-3.59)	-0.00288 (-1.12)	-0.00500 (-1.89)
名古屋市	0.00560* (2.52)	0.00401 (1.89)	0.00580** (3.06)	0.00785*** (4.04)
京都市	0.0317*** (8.47)	0.0299*** (8.38)	0.0288*** (9.06)	0.0291*** (8.88)
大阪市	0.0200*** (6.19)	0.0184*** (5.99)	0.0141*** (5.13)	0.0157*** (5.59)
堺市	-0.00470 (-1.35)	-0.00474 (-1.44)	-0.00535 (-1.82)	-0.00496 (-1.64)
神戸市	-0.0108*** (-3.40)	-0.0116*** (-3.82)	-0.00885** (-3.27)	-0.00693* (-2.50)
岡山市	0.0140* (2.43)	0.00691 (1.26)	0.00858 (1.75)	0.00433 (0.86)
広島市	-0.00282 (-0.73)	-0.00542 (-1.47)	-0.00320 (-0.97)	-0.00131 (-0.39)
北九州市	-0.0317*** (-4.96)	-0.0292*** (-4.79)	-0.0281*** (-5.17)	-0.0286*** (-5.14)
福岡市	0.0267*** (5.77)	0.0196*** (4.43)	0.0231*** (5.84)	0.0223*** (5.51)
熊本市	0.00483 (0.92)	0.00243 (0.48)	0.00331 (0.73)	0.00233 (0.50)
東京都区部	0.0288*** (11.26)	0.0291*** (12.00)	0.0245*** (11.25)	0.0232*** (10.39)

高速道	0.0895*** (47.98)	0.0859*** (48.19)	0.0715*** (44.05)	0.0756*** (45.27)
エネオス		0.0270*** (31.59)	0.0360*** (45.71)	0.0339*** (41.71)
昭和シェル出光		0.0198*** (21.01)	0.0275*** (32.12)	0.0251*** (28.49)
コスモ		0.0222*** (19.82)	0.0270*** (26.49)	0.0277*** (26.50)
キグナス		0.00801*** (4.41)	0.0154*** (9.45)	0.0133*** (7.95)
太陽石油		0.0133*** (5.69)	0.0178*** (8.36)	0.0157*** (7.26)
JA		0.0212*** (14.56)	0.0219*** (16.70)	0.0224*** (16.63)
伊藤忠エネクス		0.0106*** (4.25)	0.0145*** (6.45)	0.0106*** (4.49)
三菱商事エネルギー		0.00885** (3.15)	0.0158*** (6.15)	0.0121*** (4.57)
24時間			-0.00343*** (-7.79)	-0.00629*** (-13.77)
セルフ			-0.0212*** (-42.54)	-0.0189*** (-36.26)
車検			-0.000345 (-0.78)	0.00100* (2.07)
ATM			-0.0120*** (-25.13)	-0.00666*** (-12.89)
オイル			-0.0238*** (-57.89)	-0.0100*** (-21.65)
タイヤ			0.00878*** (18.27)	0.00895*** (17.30)
レンタカー			0.00674*** (8.08)	0.00571*** (6.54)
カフェ			0.000500 (0.58)	0.000655 (0.73)
コンビニ			-0.00940*** (-6.81)	-0.00342* (-2.41)
洗車				-0.00643*** (-15.24)
定数項	4.983*** (2923.46)	4.963*** (2798.89)	4.979*** (3090.65)	4.971*** (2999.90)
観測値数	600073	600073	599467	506151

注：カッコ内はt値である．*, **, ***はそれぞれ5％, 1％, 0.1％水準で有意であることを示している．

4.3　回帰残差の処理：7日間移動区間の採用

　このように店舗特性に起因する価格差の影響をコントロールすることで，店舗間価格分布の見え方はどのように変わるだろうか．これ以降本書の分析は主にこの回帰残差を対象とすることになる．なおこれ以降，回帰残差というときには，図表4.1第3列にある推定の結果として得られた残差のことを意味する．

　ただ，今後の分析にとって，1日あたり1,000件程度というサンプル数は決して十分とは言えない．そこで今後の分析では「7日間移動区間」を採用することにする．例えば2018年11月1日（木）を例に取ろう．この日だけを取ればサンプル数は1,000程度に過ぎない．そこでその前の3日間つまり10月29日（月），30日（火），31日（水）及び後の3日間つまり11月2日（金），3日（土），4日（日）を合わせた計7日間を1つの区間としてプールする．これによって含まれるサンプルの数はほぼ7倍に膨れ上がるはずである．従って以下で「2018年11月1日」というときには実は「その日を中心とする7日間」を意味している．

　注意すべきは，翌日つまり11月2日を中心とする7日間は10月30日〜11月5日だから，前日を中心とする区間とは5日分の重複がある．従ってこれらから計算される統計量は時間を通じてゆっくりと変わっていくことになる．

4.4　回帰残差の分析①　度数分布の形状

　まずはサンプル内のある1日をとりあげ，原データに見られる店舗間価格の分布と，そこから回帰分析によって店舗特性の影響を取り除いた後の残差部分の分布の違いを見てみよう．図表4.2では例として2018年11月1日（実際にはその日を中心とする7日間）を取り上げている．パネル（A）は元データに見られる価格（税の分を差し引き，対数を取ったもの）の店舗間分布である．目立つのが分布の右端にある小さな山である．この部分は主に高速道路沿いの店舗から構成されるとみられ，その異質性が際立っている．そこを除いてみれば，左右対称というよりはやや左側に厚い分布形をしている．

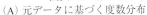

図表 **4.2**　ある1日（2018 年 11 月 1 日）の店舗間価格分布

（A）元データに基づく度数分布

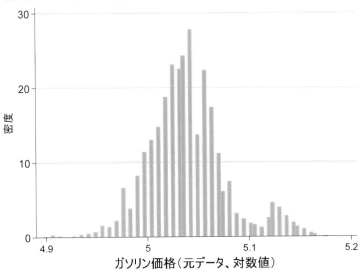

（B）回帰残差に基づく度数分布

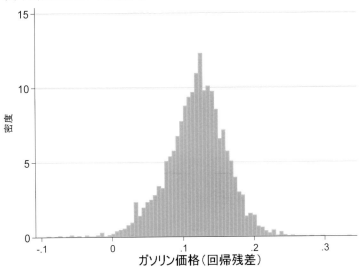

パネル（B）は回帰残差の店舗間分布である．（A）と比べると，店舗間特性の影響を取り除いた分，左右の散らばりは小さくなって分布はまん中に集まっている．注目されるのは右端にあった小山が消えていることである．やはりこの部分は，観察可能な店舗特性によるものだったようである．

　回帰残差の度数分布については第6章でさらに詳しく見ていくことになる．

4.5　回帰残差の分析②　基本統計量の時間推移

　図表4.3は店舗間価格分布に関する基本統計量の時間推移を示している．パネル（A）が原データを基にしたものであり，（B）は回帰残差によっている．取り上げているのは1〜4次のモーメント，つまり平均，標準偏差，歪度，尖度である．

　まず（A）から見ると，平均の動きは第2章で見た全国平均の推移とほぼ同一であり，やはり原油価格の動向を色濃く反映している．標準偏差は時間を通じて一定には程遠く，基本的に平均と反対向きに動いている．歪度は一貫して正である．これは分布が右側に歪んでいることを意味する．これは先に見た度数分布の右端のこぶ，おそらくは高速道路沿い店舗の影響と思われる．その時間的推移については，標準偏差におけるほどはっきりした傾向はみられないが，周期的な変動を示している．尖度は平均して4程度であり，正規分布の尖度である3と比べるとすそ野の厚い形をしていることがわかる．時間を通じた動きに関していえば，標準偏差と逆に動いているように見える．

　パネル（B）は平均については（ゼロが中心になっただけで）ほとんど変わらないと言ってよい．標準偏差も，一様に値が小さくなっているが，推移のパターンは基本的に同じである．

　劇的に変わるのが歪度である．原データでは常に正の値を取っていたのが，ゼロを中心とした動きに変わっている．これは図表4.3（B）において，回帰分析によって「右のコブが取れた」ことに対応している．その代わりある時は右方向に大きく歪み，別の時には左方向に分布が厚くなり，といったスイングを示すようになっている．サンプル初期時点で一時急落するという不規則な動きのため，全体像が見えにくくなっているが，大ざっぱに言えば

図表4.3　基本統計量の推移

（A）原データ（対数値，税額調整済み）に基づくもの

（B）回帰残差に基づくもの

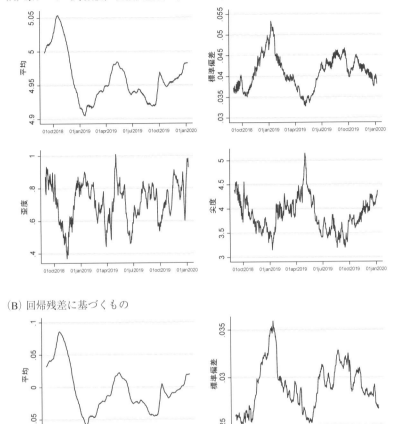

（注）　左上：平均，右上：標準偏差，左下：歪度，右下：尖度

平均と逆方向に動いている．つまり平均が上がると左方向（価格の低い方）に店舗が偏り，平均が下がると右方向（価格の高い方）に向けて分布が歪む，というパターンが新たに現れている．

尖度については，相変わらず分布のすそ野の厚さを示している一方で，サンプル初期の一時的な急上昇とそれに続く急下降を除けば，4付近で安定するようになっている．

このように，回帰残差の分布は時間とともにその平均が移動するだけではなく，その形状自体が変化していく．特に標準偏差と歪度は平均と逆相関している点が興味深い．そしてこのことは店舗によって原油価格などに対する価格の反応が一様ではなく，何らかの異質性が見られることを示唆している．第5章ではこの価格ダイナミクスの異質性に注目する．

第5章

ガソリン価格の原油価格への反応：
店舗特性による違いはあるか

5.1 分析目的と手法

　前章が店舗別価格の水準の違いをテーマとしたのに対して，本章では原油価格ショックに対するガソリン価格の反応が，店舗の特性によって異なるかを検証する．特に注目したいのは，反応スピードの違いである．例えば，原油価格が上昇したとき，都市部の店舗の方が，地方部に比べて，コスト上昇分を早くからガソリン価格に上乗せする傾向があるだろうか．都道府県による違いは見られるだろうか．大手系列店と独立系の違いはあるだろうか．高速道路上の店舗の価格調整スピードは一般道沿いの店と違うのだろうか．こうした疑問に答えていく．この目的のために，全国のガソリンスタンドを特性別にいくつかのグループに分けて，そのグループの平均的なガソリン価格（ただし第4章の回帰分析後の残差）の原油価格変動に対する反応が全国平均のそれと有意に異なるかを検証する．用いる手法はJorda（2005）によって提案され，急速に実証分析への応用が広まっている Local Projection Methodである．これは日本語訳すれば「局所投影法」とでも言うのだろうが，しっくり来ないので単に「LP法」と呼ぶことにする．手法の詳細については巻末の補論Bに譲る．ここでは原油価格としてはドバイ原油先物価格（米ドル建て）を用いていること，第2章の分析のようなニュース指標の作成はしておらず，原油価格そのものを説明変数として推定式に入れていること，コントロール変数として円ドルレートを入れていることのみ付言しておきたい．またLP法では各変数のラグ項を説明変数に含める場合もあるが，統計学的な基準を参考に，含めないことを選択した．なおこれらを含めても結果は全く変わらなかった．

図表5.1から5.3の全てのパネルには，2つのインパルス応答関数が示されている．実線は原油ショックに対する全国平均ガソリン価格の反応を示しており，これは全ての図表に共通したものである．その周りの灰色の領域はその反応の95パーセント信頼区間であり，これも全ての図表で同じである．違いは破線の方であって，これがあるグループに属する店舗間の平均ガソリン価格の原油ショックに対する反応を示している．あるグループの価格反応に他と異なる特徴が認められるかどうかの1つの基準はこの反応が全国平均の反応からどのくらい離れているか，特にその信頼区間を多少ともはみ出しているかに置くことにする．

5.2　地域特性による反応の違いはあるか

　図表5.1（A）において，破線は都市圏にある店舗の平均価格の，原油価格に対する反応を示している．都市圏の定義は千葉県，埼玉県，東京都，愛知県，京都府，大阪府，兵庫県，及びそれ以外の道県に属する政令指定都市である．都市圏の反応は驚くほど全国平均のそれと近いものになっている．よって都市圏にあるかどうかはガソリン価格の反応スピードとは関係ないと結論付けられる．

　図表5.1（B）は地方圏に属する地域を4つ取り上げている．順に北海道，東北，四国，九州である．ただしいずれも，その地域に政令指定都市がある場合にはその部分を対象から除いている．これら4地域の間に共通のパター

図表5.1　原油価格ショックに対する反応：地域別

（A）日本全体を都市圏と地方圏に分けた場合

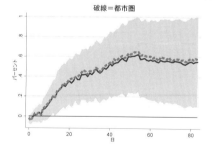

（注）
実線＝全国平均の反応と，灰色の領域＝その95％信頼区間は全パネル共通
破線＝グループ平均の反応（グループ名は各パネルのタイトルにある通り）

図表5.1　続き

（B）地方圏内

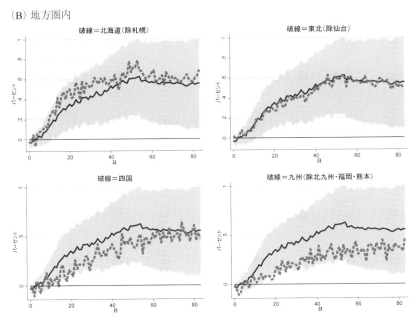

ンは見られない．北海道は速く，東北は全国平均とほぼ変わらず，四国と九州は遅い．

　図表5.1（C）は都市圏に属する地域を7つ取り上げた．順に埼玉，千葉，東京都区部，東京都の区部以外，神奈川，愛知，大阪である．ここにも共通の傾向は見られない．東京（区部もそれ以外も），神奈川，愛知は速い．埼玉，千葉はほんの少し速い．しかし大阪は遅い．

　以上を見る限り，都市圏かどうかよりも東か西かという違いの方が重要そうである．そこで図表5.1（D）では全国を東西に分け，西日本（近畿以西）のケースを示している．確かに西の方が反応が遅いことが確かめられる．よって，原因は不明だが，反応スピードの東西格差の存在が判明した．

（C）都市圏内

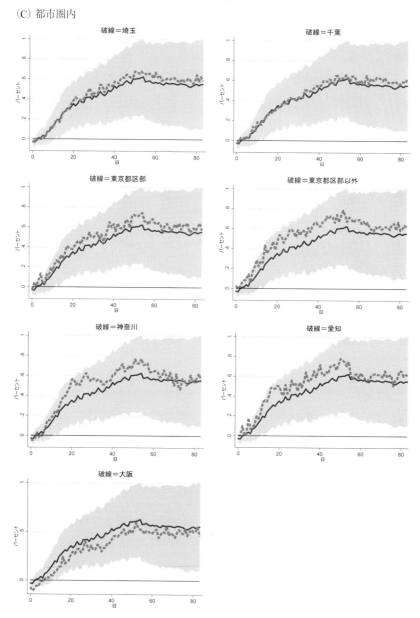

図表5.1　続き

(D) 日本全体を東西に分けた場合

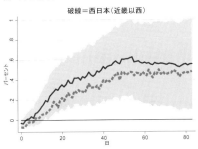

5.3　企業系列による違いはあるか

　図表5.2は店舗を系列特性でグループ分けしている．順に三大系列，中規模系列（キグナスと太陽石油），商社系，JA，独立系である．前2者は全国平均とほとんど違わなかった．商社系とJAはほんの少し反応が遅い．独立系は全国平均とほぼ同じである．どのような系列に属するかは，店舗の置かれた競争環境や経営者の情報取得スピードに影響する可能性があり，著者は当初，この分類に注目していた．しかし結果は予想とは異なるものとなった．

図表5.2　原油価格ショックに対する反応：系列タイプ別

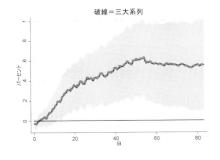

（注）
実線＝全国平均の反応と，灰色の領域＝その95％信頼区間は全パネル共通
破線＝グループ平均の反応（グループ名は各パネルのタイトルにある通り）

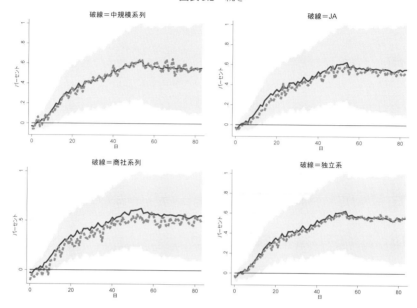

図表 5.2 続き

5.4 その他の店舗特性による違いを探る

図表 5.3 のうち最初の 3 つのパネルは，提供されているサービス特性で店舗を分類した．最初のパネルではセルフの店舗について分析した．セルフと店員による給油とではおそらくターゲットとする顧客層が異なると思われ，異質性が認められるのではと予想したが，まったくと言っていいほど違いはなかった．2 番目は 24 時間営業の店舗を取り上げたが全国平均とほぼ変わらなかった．3 番目にコンビニエンスストアのある店舗を対象としたところ，反応がやや速いという結果になった．ただし理由は不明である．

最後のパネルでは高速道路沿いの店舗を取り上げている．その反応は全国平均に比べて大幅に遅い．この店舗グループは価格水準だけでなく，価格ダイナミクスという面でも，異質な存在のようである．現段階ではこれは競争環境が緩い方がコスト増を価格転嫁する誘因が低くなることを示しているのではないかと推測している．産業経済学の分野では Deltas（2008）が，地域市場において独占力が強いガソリンスタンドほど価格調整スピードが緩慢に

図表 **5.3**　原油価格ショックに対する反応：その他特性別

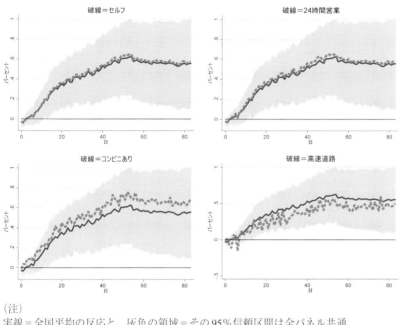

（注）
実線＝全国平均の反応と，灰色の領域＝その95％信頼区間は全パネル共通
破線＝グループ平均の反応（グループ名は各パネルのタイトルにある通り）

なることを，米国データによって見出している．ただ，上述のケースにこの
考え方が当てはまるかを知るには，追加検証が必要だろう．

　ここまで得られた結果をまとめると，店舗グループ間の価格ダイナミクス
における異質性を見出すことは，当初の予想以上に難しかった．東西格差は
確認されたが，その理由は現時点で不明である．その中で，高速道路沿い店
舗の価格調整の遅さは注目される．店舗の競争環境と価格調整スピードの関
係は経済学の重要テーマである．今後この点を掘り下げた分析を行っていき
たい．

5.5　価格調整の非対称性と店舗特性

　第2章で概観したように，原油からガソリン価格へのパススルーに関する
先行研究では，反応の非対称性に大きな関心が寄せられてきた．そこでここ

でも，この問題を検証する．本研究の利点は，非対称性の有無を店舗特性ごとに検証できることである．仮に平均価格データに非対称性が見出されたとしよう．それはその時々の状況によって，異なるグループが原油に反応するために生じているのかもしれない．あるいは全てのグループが同じように非対称に反応しているのかもしれない．本データを使うことでこの点も検証できる．

　本研究ではまず，サンプル期間を原油価格の上昇時と下降時に分け，ガソリン価格の反応が2つの間で異なることを許容した分析を行ってみた．その結果，下降時の方が反応が強いという結果が得られた．これは第2章で言及した「ロケットのように舞い上がり，羽毛のように舞い落ちる」という仮説とは逆である．次に原油価格の変化の方向性ではなく，その水準が期間平均より高いか，低いかでサンプルを分割し直してみた．その結果は高価格時の方が反応が速く，より力強いというものになった．以下ではこちらについて紹介する．

　図表5.4の最初のパネルはガソリン価格の全国平均を用いた場合の結果である．図の見方だが，右上がりの線が原油が高価格時における，原油に対するガソリンの反応である．右下がりの線は低価格時の反応だが，図を見やすくして比較を容易にするために符号を逆転させている．つまりこちらの反応は上下逆である．明らかに高価格時の方が反応が大きく，速い．低価格時の反応はぎりぎりで有意かどうかというところである．

　その下の図は店舗を特性によりグループ分けしてグループ平均の反応を見たものである．都市圏，西日本，三大系列，高速道路の4つを取り上げた．いずれも強い非対称性が見られる．重要なのはこれらがすべて「同じように非対称」であることだろう．すなわち，前小節で見た通り，反応の強さ自体にはグループ差があるものの，「非対称である度合い」については差が見られない．これら4通り以外のグループ分けも試したが同じ結果だった．よって反応の非対称性はグループ間共通の現象と結論付けられる．

図表5.4　原油価格ショックに対する反応に非対称性はあるか

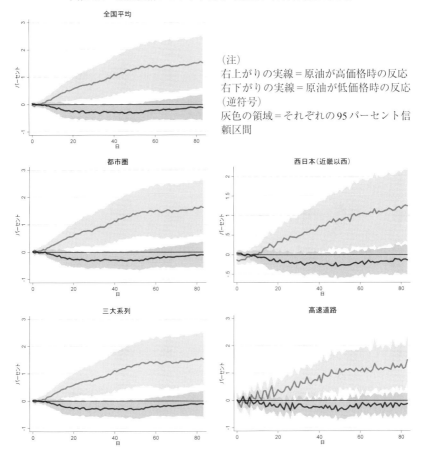

（注）
右上がりの実線＝原油が高価格時の反応
右下がりの実線＝原油が低価格時の反応
（逆符号）
灰色の領域＝それぞれの95パーセント信頼区間

第6章

ガソリン価格の店舗間分布のダイナミクス

6.1　本章の目的

　本章では，ガソリン価格の店舗間の分布が，時間とともにどう変わっていくかを検証する．データとしては第4章の結果を活用して，各店舗の価格から，高速道路沿いは値段が高いといった，店舗ごとの特性の影響を除いた残り，すなわち回帰残差を分析対象とする．以下で見るように，店舗間価格分布は平時には平均をはさんで左右対称に近い形をしている．ところが原油価格の急低下などによってガソリン価格が全国的に値下がりするときには，この分布形が大きく崩れる．すなわちきれいな釣り鐘型ではなく，右の方（分布の中心よりも価格が高い方）に偏った，歪んだ形が出現する．本章ではこのような分布ダイナミクスの特徴を端的にとらえるモデルを構築することを通じて，そのことがマクロ経済学に持つ含意を探っていく．

　本章の研究は第2章で概観した原油パススルーに関する先行研究全般と関係している．特に関連するのがBalaguer and Ripollés（2018）である．彼らはスペイン内の2地域の日次データを用いて，原油価格ショックが店舗レベル価格の分散をどのように変化させるかを分析した．これに比して本研究では店舗間価格分布の分散に限らず，歪度をはじめ，分布の形状全体に関心を払っている．そのため採用される実証分析の手法も全く異なるものになっている．

　なお本章の内容は湯淺史朗氏と進行中の共同研究の結果の一部が元になっている．その成果の一端は国際学会で報告されている（Shioji and Yuasa（2020））．本書への掲載を許可してくれた同氏に感謝したい.

6.2　価格分布ダイナミクスの特徴を探る

　第4章で回帰残差の基本統計量の推移を視覚的に分析したが，その結果は次の通りであった．

①平均と標準偏差の間に逆相関がみられる．

②歪度はゼロをはさんで上下にスイングする．特に平均が大きく下がったときに上昇，つまり右に偏る傾向が見られる．

③尖度については一部を除き安定しているが，正規分布の尖度である3をコンスタントに上回っている．つまり尖った（裾野の厚い）分布形をしている．

　ここではデータセットからいくつかの日付を取り出して，上記の「平均価格が急激に上がるときには価格分布は左に（つまり価格が相対的に低い方に）歪み，下がるときには右に（価格が高い方に）歪む」という性質を確認してみよう．ここで取り上げるのはまず，価格が急激に低下した2018年11月から2019年1月にかけての時期から，価格が下がり始める直前の①2018年11月1日と価格がほぼ下がり切った②2019年1月9日である．次に，価格が急激に上昇した2019年9月近辺より，急上昇前の③2019年9月12日と急上昇後の④2019年10月4日を取り上げた．

　図表6.1のパネル（A）は①，②両日の回帰残差の度数分布を対比させている（①については図表4.2（B）と同一である）．図から，①のときには分布はほぼ左右対称か，やや左に歪んだ形をしていたことがわかる．また分布は全体的に中央にタイトに集まった，尖った形をしていたことも見て取ることができる．ところが②において分布は大きく左右に広がり，特に右方向に厚い形に変わっている．これは，ガソリン価格が急激に下がっていく中で，その動きについていけずに「下げ遅れた」店舗が相当数あったことをうかがわせる．

　パネル（B）では③，④両日を対比させている．価格急上昇前の③において分布はやや右すそ側が厚くなっている．それに対し，上昇後の④ではむしろ左側のすそ野が広がっている．これも一部店舗が「上げ遅れた」ためだという見方ができる．ただ，先ほどのパネル（A），特に②に比べると，それほど大きな分布の歪みが生じているわけではない．

図表**6.1** 店舗別価格（回帰残差）の度数分布

（A）2018/11/1 vs 2019/1/10

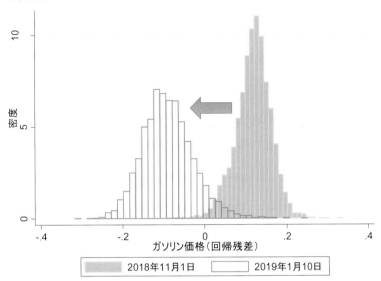

（B）2019/9/12 vs 2019/10/4

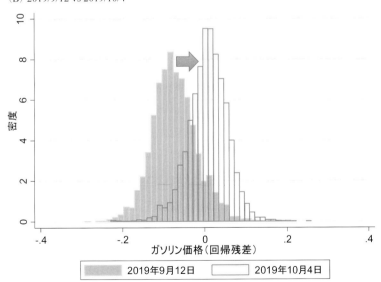

6.3 歪みを持ったt分布による近似

度数分布は実際のデータから作られているという意味では正確なものだが，それだけに不規則な凹凸があって，分布の特徴を大づかみにしにくい．そこで図表6.2では，いま見た4つの日について，歪みを持ったt分布（skew-t distribution）と呼ばれる分布関数を用いた近似を試みている．統計分析などで使われる通常のt分布（Studentのt分布）は正規分布と比べて尖度が大きい，すなわち両側の裾が厚い形をしている．「自由度」(degree of freedom, "dof")と呼ばれるパラメーターが無限大のときに標準正規分布に一致する．ただしこの分布は左右対称な形をしており，歪度はゼロである．

歪みを持ったt分布はこれを拡張したものである．分布を特徴づける数値として位置パラメーター，広がり（分散）を決めるパラメーター，尖度を決める自由度に加え，もう1つ，左右非対称性を司るパラメーターを付け加えることで歪度が非ゼロのケースを取り扱えるようにしたものである．ここではこのパラメーターをαと呼ぶことにする．そしてαが正の時に分布は右に歪み，負のときに分布は左に歪むものとして定義する．

図表6.2の各パネルは先ほどの①〜④のそれぞれの日付について，度数分布を歪みを持ったt分布で近似した結果である．近似分布の形状から，①と④では分布が左側に，②と③では右側に偏っていたことがより明確に分かる．特に②では分布形が大きく崩れ，右側が厚くなっている．

このように，この分布は形状の変化を視覚的にとらえるためには有意義である．しかしパラメーターが4つもあるので，それら全ての動きを追わなければならないとすると，時系列分析はかなり複雑になる．また，そこから何か経済学的な含意を得ることはさらに困難になる．そこで，より少ないパラメーターで形状変化の特徴をフォローできないか，考えることにする．

図表 **6.2**　店舗別価格分布（回帰残差），歪みを持つ t 分布による近似

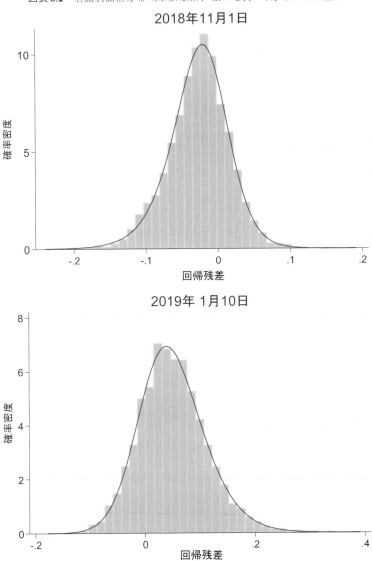

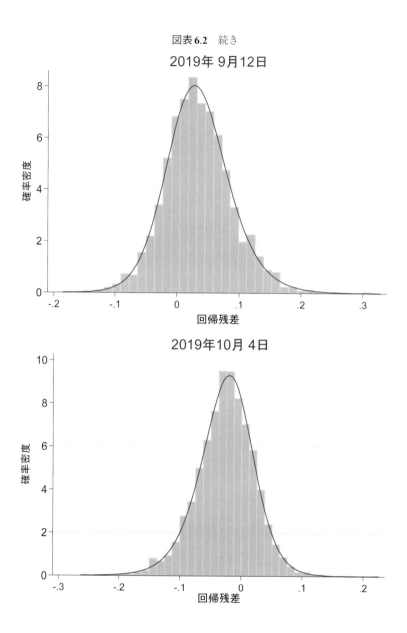

図表**6.2** 続き

6.4　価格分布ダイナミクスのイメージ

　ここまでの検討から浮かび上がってくる価格分布ダイナミクスのイメージ を図示したのが，図表6.3である．ここでは，全国のガソリンスタンドを2 グループに分けられると仮定している．グループ1が市場状況に合わせて柔

図表**6.3**　店舗別価格分布のダイナミクス，概念図

（A）平常時

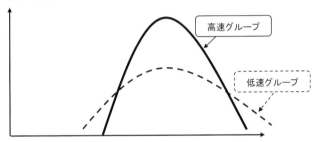

（B）価格が急に低下したとき

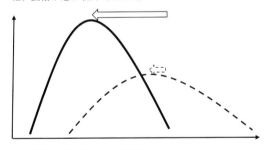

（C）次第に低速グループが追い付く

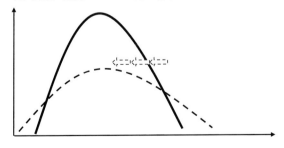

軟に価格調整することができる「高速グループ」である．概念図の上ではその価格分布はより幅が狭く中央に集まった形状になっている．これは，ある時点でこのグループに属するある店舗の価格が最適から乖離したとしても，早いスピードで修正が働くから，このグループの価格分布は比較的狭い領域に集まった，タイトなものになるという考え方の表れである．グループ2は価格調整が緩慢な「低速グループ」である．こちらに属する店舗では，何らかのショックで価格にばらつきが生じると，ゆっくりとしか最適価格に戻って行かない．このため分布は左右にちらばった，分散の大きなものになっている．以下ではこの2つの分布の形状は時間を通じて不変であり，それぞれの数直線上の位置だけが変化していくと仮定する．

　元々は図表6.3の第1のパネル（A）のように，グループ1と2の価格分布は横軸上の同じ点を中心に分布していたとしよう．ある時，価格に下落圧力がかかったとする．例えば原油価格の大幅低下をイメージしてもらえればよい．このとき，同図表の第2のパネル（B）にあるように，高速グループは速やかに反応して，分布全体が大きく左側に移動している．これに対して低速グループは動きが緩慢なので，左方シフトの幅がより小さくなっている．これらの結果として，全体の分布は右側に歪んだものになっている．

　その後価格低下圧力が弱まると，高速グループは新しい位置にとどまる一方，低速グループが次第に追いついてきて，全体の分布は再び左右対称の，歪みのない形になる．これを表したのが同図表中の第3のパネル（C）である．

6.5　混合正規分布モデルの採用

　図表6.3で描写されたイメージをデータから浮かび上がらせるため，ここでは「混合正規分布」の考え方を用いる．これは字義通り，2つまたはそれ以上の正規分布をミックスしたものである．図表6.4にいくつかの例を示している．ここでは標準偏差の小さな正規分布1とばらつきの大きい正規分布2が描かれている．全体の分布はこの2つの分布の加重平均と仮定されている．2つの分布の相対的ウェイトは50％ずつである．分布1の平均値は常に0であるとする．

　パネル（A）では分布2の平均も0である．この時，両者の加重平均である混合正規分布の平均も0となり，左右対称の形になる．正規分布と比べると真ん中が

図表 **6.4**　混合正規分布，イメージ図

（A）　2つの分布の平均が等しい場合

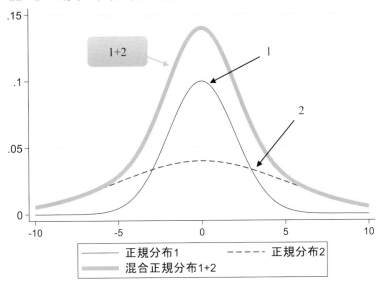

（B）　平均が異なる場合

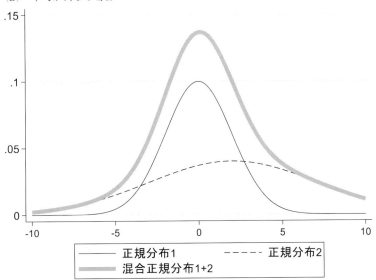

尖っていて，すそ野が厚い形状になる．パネル（B）は分布2の平均値を2だけ右にずらした結果である．全体の分布は右方向に歪んだ形になることが分かる．

以下ではこの考え方をガソリン価格のデータに応用することで，なぜ平均価格の変動と分布形の歪みがリンクするのかを明らかにしていきたい．

6.6 混合正規分布モデルの推定（「1カ月に2日」データに基づく）

ここでは店舗レベルのガソリン価格，正確にはその対数値をいくつかの店舗別特性で回帰した後の残差項について，混合正規分布モデルを推定する．全体の分布は2つの正規分布の加重平均として表されると仮定する．それぞれの分布の標準偏差は時間を通じて一定である．また加重平均を取るときのそれぞれの分布のウェイトも時間を通じて一定である．一方，それぞれの分布の平均値は時間を通じて変化するものと仮定する．

当初は日次データをそのまま使ってこのモデルを推定することを考えていた．しかし，元々データが巨大なうえ，推定されるパラメーター（各時点における2つの分布それぞれの平均値）の数が膨大になる．性能のよいパソコンをもってしてもこれは全く不可能だった．そこでやむを得ず，各月から2つの日を選んで，推定を行うことにした．推定結果を示したのが図表6.5である．

パネル（A）では推定された2つの正規分布及びそれらの加重平均としての混合正規分布を，平均値をゼロと置いて図示している．分布1の方が標準偏差が小さく，分布2はばらつきが大きい．分布1の相対的ウェイトは0.66と推定された．つまり全体の分布は3分の2が分布1，3分の1が分布2からなっている．

パネル（B）ではそれぞれの分布の平均値の時間推移がグラフ化されている．基本的には両者は同じような動きを示している．ただし分布2の方がやや動きが緩慢である．その結果，分布1が大きく上に動いたり，下に振れたりする時に，分布2がそれについて行ききれていない様子が分かる．特に価格の急落時にその傾向は顕著に見られる．

図表**6.5**　混合正規分布モデル：「1か月に2日」データによる推定結果

（A）正規分布1と2の形状（平均値を0と置いた場合）

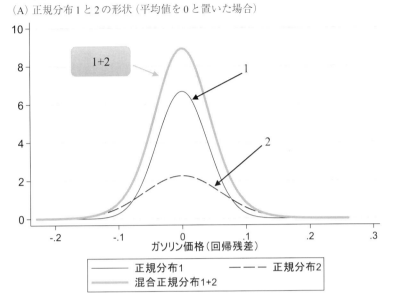

（B）正規分布1と2の平均値の時間推移

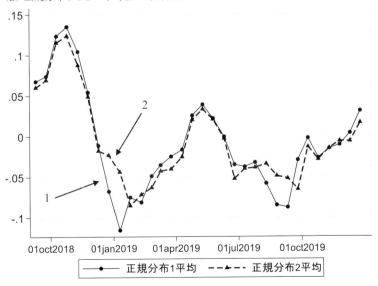

6.7 混合正規分布モデルの推定
（日次データに基づく，制約された推定）

　次に日次データをいかに活用するかを考える．通常の推定はできないので，次の仮定を置く．

　（日次データモデル推定における仮定）　サンプル期間内の各日の2つの正規分布の標準偏差と相対的ウェイトは，「1カ月に2日」データに基づく推定結果と同じである．

　強い仮定だが，これにより作業としては日々の分布1，分布2の平均値を順に推定して行けばよいことになり，計算負荷はほとんどかからない．
　図表6.6が日次データに基づく分布1，2の平均値の時間推移の推定結果で

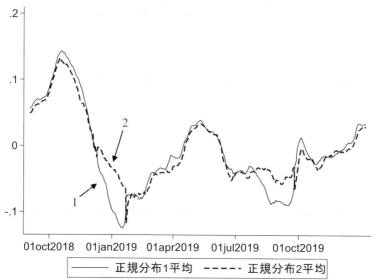

図表**6.6**　混合正規分布モデル
「制約された日次モデル」による推定結果
正規分布1と2，それぞれの平均値の推移

ある．基本的なパターンは図6.5（B）と大きく変わらない．ただし数回の不自然なジャンプが見られる．例えば2019年1月22日頃，突然，分布1と2の平均値が「入れ替わる」かのような動きが見られる．原因を推測するに，この日付近で分布1の平均値が急激に2のそれに近づいて，両者をデータから識別することが困難になったのではないかと思われる．このような不自然な結果を（客観性を失わず）排除するための工夫は今後の課題としたい．

図表6.7の各パネルは先に図表6.1と6.2で取り上げた4つの日付について，混合正規分布モデルがどのように度数分布を近似したかを示している．予想通り，各日付における分布の歪みは分布1と2の平均値のずれによってうまく表現されている．分布全体のフィットも，非常に制約の強い推定を行ったことを考えれば，まずまずと言える．

図表**6.7**　混合正規分布による店舗間価格分布（回帰残差）の近似

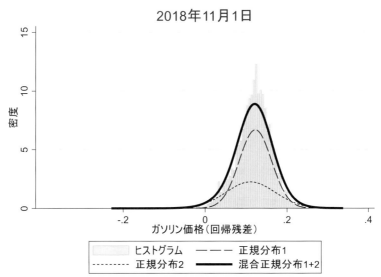

89

2019年1月10日

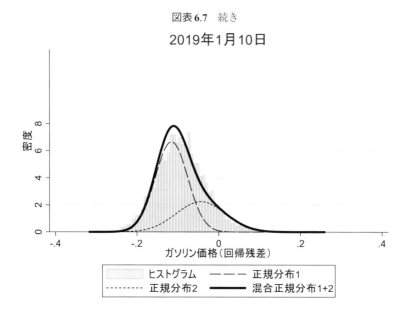

2019年9月12日

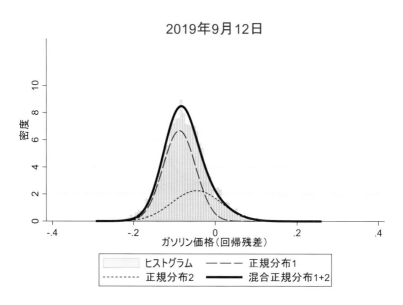

図表**6.7**　続き

2019年10月4日

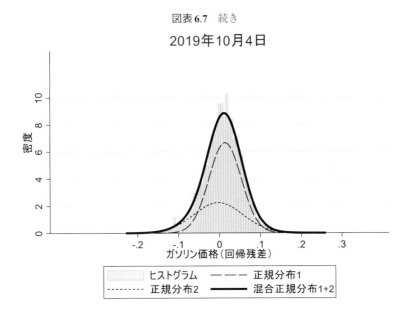

| ヒストグラム | 正規分布1 |
| 正規分布2 | 混合正規分布1+2 |

6.8　分布ダイナミクスの時系列分析

　このように，ガソリン価格の分布形の日々の複雑な変動を，「分布1の平均の変動」と「分布2の平均の変動」という2つの指標に帰着させることができた．そこでようやく，本来の目的である時系列分析，特に原油価格ショックがガソリン価格の店舗間分布に及ぼす影響を推定したい．用いた手法は前章と同じLP法である．被説明変数は第1分析では分布1の平均（の推定値）であり，第2分析では分布2の平均（やはり推定値）である．注目する説明変数は過去の原油価格であり，ここでは再びドバイ原油先物価格の変化率（対数差分）を用いた．他に為替レート（円ドル）変化率が説明変数に含まれている．なお，図表6.6で見られた不自然な分布平均のジャンプの間の期間はサンプルから除いている．

　図表6.8が推定結果に基づくインパルス応答関数である．つまり，仮に2つの分布の平均値がもともとゼロの位置にあったとして，原油価格が上昇したとき，それぞれが時間とともにどう反応していくかを図示している．

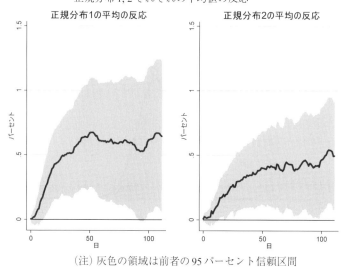

図表 **6.8**　原油価格ショックに対するインパルス応答関数
正規分布 1, 2 それぞれの平均値の反応

(注) 灰色の領域は前者の 95 パーセント信頼区間

　図は原油価格上昇に対して分布 1 の平均値が有意に正の反応を示すことを明らかにしている．その動きに比べて分布 2，つまりよりばらつきの大きな分布の平均値の動きはより緩慢である．前者に対して後者の反応が遅れることによって，全体の分布は左側に歪んだものになる．もっとも両者にそれほど大きな差があるわけではないことも留意する必要がある．

6.9　反応の非対称性

　最後に，5.5 で取り上げた反応の非対称性が分布 1 と 2 についても見られるかを検証する．図表 6.9 はそれぞれの分布の平均について，反応の非対称性を許容した推計結果である．いずれも原油高価格時と低価格時の間で非対称性が認められる．言いかえれば，全国平均価格に見られた非対称性は，どちらか片方の分布の反応だけが非対称性を持つことによってもたらされたものではない．

図表6.9　原油価格ショックに対する反応に非対称性はあるか

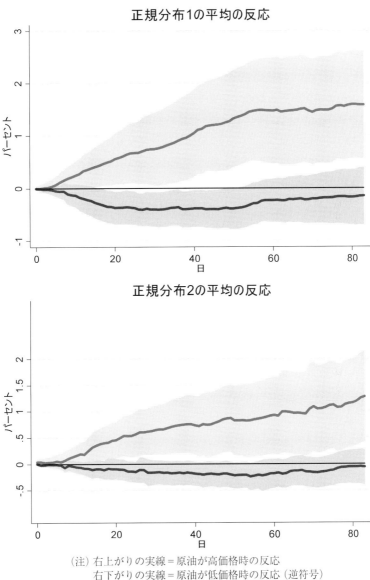

正規分布1の平均の反応

正規分布2の平均の反応

(注) 右上がりの実線＝原油が高価格時の反応
右下がりの実線＝原油が低価格時の反応 (逆符号)
灰色の領域＝それぞれの95パーセント信頼区間

6.10　本章の結論と今後の課題

　以上のように，混合正規分布モデルを用いることで，「価格調整の速いグループと遅いグループが混在していることが価格分布形の時間を通じた変動をもたらす」という仮説が現実のデータを説明できることが示された．近年のニューケインジアン型のマクロモデルで強調されているように，価格反応速度の違いによって（同じような）製品の価格にばらつきが生じることは経済厚生のロスにつながるから，この発見は重要なものである．政策的含意としては，金融政策などを通じて価格を安定化させることに一定のサポートを与える結果といえる．

　今後の作業としては，分布1と分布2それぞれがどのような店舗から構成されているのか，何らかの指標を作成したい．推定モデル上は，ある店舗がある日には高速グループに属し，次の日には低速グループにスイッチする可能性すら排除されていない．しかし現実には，何らかの特徴を持った店舗は価格調整が比較的スムーズで，別のタイプの店舗は動きが緩慢である，といった傾向が存在するのではないかと思われる．そのグループ分けに貢献する要因を少しでも明らかにするのが，今後残された主な課題である．

Bachmeier, L.J. and J.M. Griffin (2003). "New evidence on asymmetric gasoline price responses." *Review of Economics and Statistics*, 85(3), 772–776.

Bacon, Robert W. (1991). "Rockets and feathers: the asymmetric speed of adjustment of UK retail gasoline prices to cost changes." *Energy Economics*, 13(3): 211–218.

Balaguer, Jacint, and Jordi Ripollés (2018). "The dynamics pattern of price dispersion in retail fuel markets." *Energy Economics* 74: 546–564.

Balke, Nathan S., Stephen P.A. Brown and Mine K. Yücel (1998). "Crude oil and gasoline prices: an asymmetric relationship?" Federal Reserve Bank of Dallas *Economic Review*, 1998(Q1), 2–11.

Baumeister, Christiane, and Lutz Kilian (2016). "Forty years of oil price fluctuations: Why the price of oil may still surprise us." *Journal of Economic Perspectives*, 30(1): 139–160. (DOI: 10.1257/jep.30.1.139).

Baumeister, Christiane and James D. Hamilton (2019). "Structural interpretation of vector autoregressions with incomplete identification: Revisiting the role of oil supply and demand shocks." *American Economic Review*, 109(5): 1873–1910.

Blair, Benjamin F., Randall C. Campbell, and Phillip A. Mixon (2017). "Price pass-through in US gasoline markets." *Energy Economics*, 65:42–49.

Borenstein, Severin, A. Colin Cameron, and Richard Gilbert (1997). "Do gasoline prices respond asymmetrically to crude oil price changes?" *Quarterly Journal of Economics,* 112(1), 305–339.

Brüggemann, Ralf, Carsten Jentsch, and Carsten Trenkler (2016). "Inference in VARs with Conditional Heteroskedasticity of Unknown Form." *Journal of Econometrics* 191(1): 69–85.

Chen, Shiu-Sheng (2009). "Oil price pass-through into inflation." *Energy Economics*, 31(1), 126–133.

Chesnes, Matthew (2016). "Asymmetric pass-through in US gasoline prices." *The Energy Journal*, 37(1).

Chudik, Alexander, and Georgios Georgiadis (2019). "Estimation of impulse response functions when shocks are observed at a higher frequency than outcome variables." Globalization Institute Working Paper No. 356, Federal Reserve Bank of Dallas.

Deltas, George (2008). "Retail gasoline price dynamics and local market power." *Journal of Industrial Economics*, 56(3), 613–628, September.

Deltas, George and Michael Polemis (2020). "Estimating retail gasoline price dynamics: The effects of sample characteristics and research design." *Energy Economics*, 92, 2020, 104976.

Demirer, Rıza, and Ali M. Kutan (2010). "The behavior of crude oil spot and futures prices around OPEC and SPR announcements: an event study perspective." *Energy Economics*, 32(6): 1467-1476.

Draper, Dennis W. (1984). "The behavior of event-related returns on oil futures contracts." *Journal of Futures Markets*, 4(2): 125-132.

Duffy-Deno, Kevin T. (1996). "Retail price asymmetries in local gasoline markets." *Energy Economics*, 18(1-2), 81-92.

Faust, Jon, Eric T. Swanson, and Jonathan H. Wright (2004). "Identifying VARs based on high frequency futures data." *Journal of Monetary Economics* 51(6), 1107-1131.

Fisher, J.D.M., and Peters, R., (2010). "Using stock returns to identify government spending shocks." *Economic Journal,* 120(544), 414-436.

Fukunaga, Ichiro, Naohisa Hirakata, and Nao Sudo (2011). "The effects of oil price changes on the industry-level production and prices in the united states and Japan." in Takatoshi Ito and Andrew K. Rose A. (eds), *Commodity Prices and Markets, East Asia Seminar on Economics, Vol. 20*, University of Chicago Press, Chicago, IL, 195-231.

Gertler, M. and P. Karadi (2015). "Monetary policy surprises, credit costs, and economic activity." *American Economic Journal: Macroeconomics,* 7, 44-76.

Godby, Rob, Anastasia M. Lintner, Thanasis Stengos, Bo Wandschneider (2000). "Testing for asymmetric pricing in the Canadian retail gasoline market." *Energy Economics,* 22(3) 349-368.

Iwaisako, Tokuo and Hayato Nakata (2015). "Oil price, exchange rate shock, and the Japanese economy." RIETI Discussion Paper Series 15-E-028.

Jentsch, Carsten and Kurt Lunsford (2019). "The dynamic effects of personal and corporate income tax changes in the United States: Comment." *American Economic Review* 109 (7): 2655-2678.

Jordà, Òscar (2005). "Estimation and inference of impulse responses by local projections." *American Economic Review*, 95(1): 161-182. (DOI: 10.1257 /0002828053828518)

Känzig, Diego R. (2021). "The macroeconomic effects of oil supply shocks: New evidence from OPEC announcements," forthcoming in *American Economic Review*, (The 2019 Dwyer Ramsey award for the best paper presented by a graduate student at the 27th Annual Symposium of the Society for Nonlinear Dynamics and Econometrics).

Karrenbrock, Jeffrey D. (1991). "The behavior of retail gasoline prices: symmetric or not?" *Federal Reserve Bank of St. Louis Review*, 73(4), 19-29.

Kilian, Lutz. (2008a). "A comparison of the effects of exogenous oil supply shocks on output and inflation in the G7 countries." *Journal of the European Economic Association*, 6 (1): 78-121.

Kilian, Lutz (2008b). "Exogenous oil supply shocks: How big are they and how much do they matter for the U.S. economy?" *Review of Economics and Statistics,* 90(2): 216–40.

Kilian, Lutz (2009). "Not all oil price shocks are alike: Disentangling demand and supply shocks in the crude oil market." *American Economic Review*, 99(3): 1053–69.

Kilian, Lutz (2010). "Explaining fluctuations in gasoline prices: a joint model of the global crude oil market and the US retail gasoline market." *Energy Journal*, 31(2).

Kilian, Lutz (2016). "The impact of the shale oil revolution on US oil and gasoline prices." *Review of Environmental Economics and Policy*, 10(2), 185–205.

Kilian, Lutz, and Cheolbeom Park (2009). "The impact of oil price shocks on the U.S. stock market." *International Economic Review*, 50(4), 1267–1287.

Kuttner, Kenneth N. (2001). "Monetary policy surprises and interest rates: Evidence from the fed funds futures market." *Journal of Monetary Economics* 47 : 523–544.

Lin, Sharon Xiaowen, and Michael Tamvakis (2010). "OPEC announcements and their effects on crude oil prices." *Energy Policy*, 38(2): 1010–1016.

Loderer, Claudio (1985). "A test of the OPEC cartel hypothesis: 1974–1983," *Journal of Finance* 40(3), 991–1006.

Loutia, Amine, Constantin Mellios, and Kostas Andriosopoulos (2016). "Do OPEC announcements influence oil prices?" *Energy Policy*, 90: 262–272.

Mertens, Karel, and Morten O. Ravn (2013). "The dynamic effects of personal and corporate income tax changes in the United States," *American Economic Review* 103: 1212–1247.

Mertens, Karel, and Morten O. Ravn (2019). "The dynamic effects of personal and corporate income tax changes in the United States: Reply." *American Economic Review*, 109(7): 2679–2691.

Meyler, Aidan (2009). "The pass through of oil prices into euro area consumer liquid fuel prices in an environment of high and volatile oil prices." *Energy Economics*, 31(6): 867–881.

Morita, Hiroshi (2014). *Analysis on the macroeconomic effects of fiscal policy and business cycles in Japan*, Ph.D. Thesis (Hitotsubashi University).

Newey, W. K., and K. D. West. (1987). "A simple, positive semi-definite, heteroskedasticity and autocorrelation consistent covariance matrix." *Econometrica* 55: 703–708.

Olea, José L. Montiel, James H. Stock, and Mark W. Watson (2020). "Inference in structural vector autoregressions identified with an external instrument." *Journal of Econometrics*.

Polemis, Michael L. and Mike G. Tsionas (2016). "An alternative semiparametric approach to the modelling of asymmetric gasoline price adjustment." *Energy Economics,* 56, 384–388.

Ramey, Valerie A. (2011). "Identifying government spending shocks: It's all in the timing." *Quarterly Journal of Economics* 126(1), 1–50.

Ramey, Valerie A., and Matthew Shapiro (1998). "Costly capital reallocation and the effects of government spending." *Carnegie Rochester Conference Series on Public Policy* 48, 145–194.

Romer, Christina D., and David H. Romer（1989）."Does monetary policy matter? A new test in the spirit of Friedman and Schwartz." *NBER Macroeconomics Annual* 4: 121‑170.

Schmidbauer, Harald, and Angi Rösch（2012）."OPEC news announcements: Effects on oil price expectation and volatility." *Energy Economics*, 34（5）: 1656‑1663.

Shin, David（1994）."Do product prices respond symmetrically to changes in crude prices?" *OPEC Review* 18（2）, 137‑157.

Shioji, Etsuro（2012）."The evolution of the exchange rate pass-through in Japan: A re-evaluation based on time-varying parameter VARs." *Public Policy Review* 8（1）, 67‑92.

Shioji, Etsuro（2014）."A pass-through revival." *Asian Economic Policy Review* 9（1）, 120‑138.

Shioji, Etsuro（2015）."Time varying pass-through: Will the yen depreciation help Japan hit the inflation target?" *Journal of the Japanese and International Economies,* 37, 43‑57.

Shioji, Etsuro（2018）."Infrastructure investment news and business cycles: Evidence from the VAR with external instruments." 12th International Conference on Computational and Financial Econometrics（CFE 2018）.

Shioji, Etsuro（2021）."Pass-through of oil supply shocks to domestic gasoline prices: Evidence from daily data," *Energy Economics,* forthcoming.

Shioji, Etsuro, and Taisuke Uchino（2011）."Pass-through of oil prices to Japanese domestic prices." in Takatoshi Ito and Andrew K. Rose A.（eds）, *Commodity Prices and Markets, East Asia Seminar on Economics, Vol.*20, University of Chicago Press, Chicago, IL, 155‑189.

Shioji, Etsuro and Shiro Yuasa（2020）."Daily dynamics of retail gasoline price dispersion in Japan." 14th International Conference on Computational and Financial Econometrics（CFE2020）.

Stock, James H. and Mark W. Watson（2012）."Disentangling the channels of the 2007‑09 Recession." *Brookings Papers on Economic Activity*, no. 1: 81‑135.

Stock, James H. and Mark W. Watson（2018）."Identification and estimation of dynamic causal effects in macroeconomics using external instruments." NBER Working Paper No. 24216.

Yanagisawa, Akira（2012）."Structure for pass-through of oil price to gasoline price in Japan." *IEEJ Energy Journal*, 7（3）.

Yilmazkuday, Hakan（2019）."Oil price pass-through into consumer prices: Evidence from US weekly data." Available at SSRN 3443245.

塩路悦朗・内野泰助（2009）.「為替レートと原油価格変動のパススルーは変化したか」日本銀行ワーキングペーパーシリーズ No. 09-J-8.

塩路悦朗・内野泰助（2010）.「類別名目実効為替レート指標の構築とパススルーの再検証」『経済研究』Vol. 61, No. 1, 47‑67頁.

塩路悦朗（2011）.「為替レートパススルー率の推移—時変係数VARによる再検証—」『フィナンシャル・レビュー』, No. 106, 69-88頁.

塩路悦朗（2016）.「為替レート・輸入品価格の影響力の復権—外的ショックの時系列VAR分析」, 渡辺努編『慢性デフレ　真因の解明』(日本経済新聞出版社)第5章, 141-171頁.

【補論 A】 SVAR-IV (proxy VAR) の解説

この補論では SVAR-IV 法について，内生変数 2 つ，操作変数 1 つ，ラグ次数 1 の単純なケースに基づいて解説する．より詳しい議論は Stock and Watson (2018)．を参照されたい．2 つの内生変数 $y_{1,t}$ と $y_{2,t}$ からなる次のような誘導型 VAR モデルを考えよう．

$$Y_t = A Y_{t-1} + v_t \tag{A1}$$

ここで

$$Y_t \equiv \begin{bmatrix} y_{1,t} \\ y_{2,t} \end{bmatrix}, B \equiv \begin{bmatrix} b_{11} & b_{12} \\ b_{21} & b_{22} \end{bmatrix}, v_t \equiv \begin{bmatrix} v_{1,t} \\ v_{2,t} \end{bmatrix}$$

である．上の式で v_t は誘導型モデルの誤差項であり，これ自体に構造的な意味合いを持たせることはできない．同ベクトルの 2 つの項は一般的に互いに相関している．このベクトルと 2 つの互いに無相関な構造ショック項から成るベクトル ε_t の間に次のような線形関係が存在するものと仮定しよう．

$$v_t = B \varepsilon_t, \text{ただし} \quad \varepsilon_t \equiv \begin{bmatrix} \varepsilon_{1,t} \\ \varepsilon_{2,t} \end{bmatrix} \tag{A2}$$

反転可能性を仮定すると次のように書ける．

$$Y_t = C(L) B \varepsilon_t \quad \text{ただし} \quad C(L) = (I - AL)^{-1} \tag{A3}$$

ここで研究者は第 1 の構造ショック，$\varepsilon_{1,t}$ の影響だけに関心があるものとする．それならば行列 B の全ての要素を求める必要はない．第 1 列だけ求めればよいことになる．ここで次のような 2 条件を満たす「外的操作変数」Z_t が利用可能であると仮定する．

$$（条件 1: \text{Relevance}）E\varepsilon_{1,t} Z_t = \alpha \neq 0 \tag{A4}$$

$$（条件 2: 外生性）E\varepsilon_{2,t} Z_t = 0 \tag{A5}$$

すると次のような関係が得られる．

$$Ev_t Z_t = \begin{bmatrix} b_{11}\alpha \\ b_{21}\alpha \end{bmatrix}. \tag{A6}$$

ここで b_{11} を 1 と基準化すれば，ただ 1 つ，係数 b_{21} だけ求めればよいことになる．実際の推定手順は次の通りである．まず次の式を Z_t を操作変数として推定する．

$$y_{2,t} = b_{21}y_{1,t} + d_1 y_{1,t-1} + d_2 y_{2,t-1} + b_{22}\varepsilon_{2,t}. \tag{A7}$$

ここから係数 b_{21} の推定値が得られる．これを $\hat{b}_{21}$ と書くことにしよう．次に式（A1）の誘導型 VAR モデルを推定し，次を得る．

$$\hat{C}(L) = (I - \hat{A}L)^{-1}. \tag{A8}$$

これら 2 つの結果を統合して，第 1 ショックに対する h 期先のインパルス応答関数を次のように得ることができる．

$$IRF_h = \hat{C}_h \begin{bmatrix} 1 \\ \hat{b}_{21} \end{bmatrix}. \tag{A9}$$

【補論 B】　LP 法の解説

　本補論では Jordà（2005）の LP 法（Local Projection Method）を，本書で用いた例を使いながら解説する．被説明変数である国内ガソリン価格変数を y，「ショック変数」すなわち原油先物価格の変化率を u と書くことにする．LP 法は，最もシンプルには，今期の原油価格ショックに対する h 期先のガソリン価格の反応を次の式を使って推定する．

$$y_{t+h} - y_t = a_0^h \Delta y_t + b_0^h u_t + \varepsilon_t \tag{B1}$$

ただし Δ は 1 階の差分を意味しており，ε は誤差項である．この式で h 期先インパルス応答は係数 b_0^h によって与えられる．場合によっては右辺にさらに，被説明変数の過去の値，ショック変数の過去の値，コントロール変数として

の円ドルレート変化率（これをzで表す）の現在・過去の値が加えられる.

$$y_{t+h} - y_t = \sum_{i=0}^{l} a_i^h \cdot \Delta y_{t-i} + \sum_{i=0}^{l} b_i^h \cdot u_{t-i} + \sum_{i=0}^{l} c_i^h \cdot z_{t-i} \qquad \text{(B2)}$$

インパルス応答はやはり係数b_0^hによって与えられる.

著者紹介

塩路　悦朗

1987 年　東京大学経済学部卒業

1987 年　東京大学大学院経済学研究科第二種博士課程
入学

1995 年　イェール大学大学院経済学部博士課程修了
（Ph. D. in Economics）

現在　　一橋大学大学院経済学研究科教授
元・三菱経済研究所兼務研究員

原油価格と国内ガソリン価格
―日次データによる検証―

2021 年 3 月 30 日　発行

定価　本体 1,500 円＋税

著　　者	塩　路　悦　朗
発 行 所	公益財団法人　三菱経済研究所 東 京 都 文 京 区 湯 島 4 10 14 〒 113-0034 電話 (03)5802-8670
印 刷 所	株 式 会 社　国　際　文　献　社 東 京 都 新 宿 区 山 吹 町 332-6 〒 162-0801 電話 (03)6824-9362

ISBN 978-4-943852-82-7